智能制造系列教材

# 智能装配工艺与装备

INTELLIGENT ASSEMBLY PROCESS
AND EQUIPMENT

张开富 程晖 骆彬 编

清華大學出版社
北京

**图书在版编目(CIP)数据**

智能装配工艺与装备/张开富，程晖，骆彬编. —北京：清华大学出版社，2023.3(2024.9重印)
智能制造系列教材
ISBN 978-7-302-62756-2

Ⅰ. ①智… Ⅱ. ①张… ②程… ③骆… Ⅲ. ①装配(机械)—工艺学—教材 Ⅳ. ①TH165

中国国家版本馆 CIP 数据核字(2023)第 031232 号

**责任编辑**：刘 杨
**封面设计**：李召霞
**责任校对**：赵丽敏
**责任印制**：曹婉颖

**出版发行**：清华大学出版社
**网　　址**：https://www.tup.com.cn，https://www.wqxuetang.com
**地　　址**：北京清华大学学研大厦 A 座　　**邮　　编**：100084
**社 总 机**：010-83470000　　**邮　　购**：010-62786544
**投稿与读者服务**：010-62776969，c-service@tup.tsinghua.edu.cn
**质量反馈**：010-62772015，zhiliang@tup.tsinghua.edu.cn
**印 装 者**：小森印刷霸州有限公司
**经　　销**：全国新华书店
**开　　本**：170mm×240mm　　**印　　张**：11　　**字　　数**：221 千字
**版　　次**：2023 年 4 月第 1 版　　**印　　次**：2024 年 9 月第 2 次印刷
**定　　价**：32.00 元

---

产品编号：089481-01

# 智能制造系列教材编审委员会

# 丛书序1

## FOREWORD

多年前人们就感叹，人类已进入互联网时代；近些年人们又惊叹，社会步入物联网时代。牛津大学教授舍恩伯格（Viktor Mayer-Schönberger）心目中大数据时代最大的转变，就是放弃对因果关系的渴求，转而关注相关关系。人工智能则像一个幽灵徘徊在各个领域，兴奋、疑惑、不安等情绪分别蔓延在不同的业界人士中间。今天，5G的出现使得作为整个社会神经系统的互联网和物联网更加敏捷，使得宛如社会血液的数据更富有生命力，自然也使得人工智能未来能在某些局部领域扮演超级脑力的作用。于是，人们惊呼数字经济的来临，憧憬智慧城市、智慧社会的到来，人们还想象着虚拟世界与现实世界、数字世界与物理世界的融合。这真是一个令人咋舌的时代！

但如果真以为未来经济就"数字"了，以为传统工业就"夕阳"了，那可以说我们就真正迷失在"数字"里了。人类的生命及其社会活动更多地依赖物质需求，除非未来人类生命形态真的变成"数字生命"了，不用说维系生命的食物之类的物质，就连"互联""数据""智能"等这些满足人类高级需求的功能也得依赖物理装备。所以，人类最基本的活动便是把物质变成有用的东西——制造！无论是互联网、物联网、大数据、人工智能，还是数字经济、数字社会，都应该落脚在制造上，而且制造是其应用的最大领域。

前些年，我国把智能制造作为制造强国战略的主攻方向，即便从世界上看，也是有先见之明的。在强国战略的推动下，少数推行智能制造的企业取得了明显效益，更多企业对智能制造的需求日盛。在这样的背景下，很多学校成立了智能制造等新专业（其中有教育部的推动作用）。尽管一窝蜂地开办智能制造专业未必是一个好现象，但智能制造的相关教材对于高等院校与制造关联的专业（如机械、材料、能源动力、工业工程、计算机、控制、管理……）都是刚性需求，只是侧重点不一。

教育部高等学校机械类专业教学指导委员会（以下简称"机械教指委"）不失时机地发起编著这套智能制造系列教材。在机械教指委的推动和清华大学出版社的组织下，系列教材编委会认真思考，在2020年新型冠状病毒感染疫情正盛之时进行视频讨论，其后教材的编写和出版工作有序进行。

编写本系列教材的目的是为智能制造专业以及与制造相关的专业提供有关智能制造的学习教材，当然教材也可以作为企业相关的工程师和管理人员学习和培训之用。系列教材包括主干教材和模块单元教材,可满足智能制造相关专业的基础课和专业课的需求。

主干教材,即《智能制造概论》《智能制造装备基础》《工业互联网基础》《数据技术基础》《制造智能技术基础》,可以使学生或工程师对智能制造有基本的认识。其中,《智能制造概论》教材给读者一个智能制造的概貌,不仅概述智能制造系统的构成,而且还详细介绍智能制造的理念、意识和思维,有利于读者领悟智能制造的真谛。其他几本教材分别论及智能制造系统的“躯干”“神经”“血液”“大脑”。对于智能制造专业的学生而言,应该尽可能必修主干课程。如此配置的主干课程教材应该是本系列教材的特点之一。

本系列教材的特点之二是配合“微课程”设计了模块单元教材。智能制造的知识体系极为庞杂,几乎所有的数字-智能技术和制造领域的新技术都和智能制造有关,不仅涉及人工智能、大数据、物联网、5G、VR/AR、机器人、增材制造(3D打印)等热门技术,而且像区块链、边缘计算、知识工程、数字孪生等前沿技术都有相应的模块单元介绍。本系列教材中的模块单元差不多成了智能制造的知识百科。学校可以基于模块单元教材开出微课程(1学分),供学生选修。

本系列教材的特点之三是模块单元教材可以根据各所学校或者专业的需要拼合成不同的课程教材,列举如下。

#课程例1——“智能产品开发”(3学分),内容选自模块:

- 优化设计
- 智能工艺设计
- 绿色设计
- 可重用设计
- 多领域物理建模
- 知识工程
- 群体智能
- 工业互联网平台

#课程例2——“服务制造”(3学分),内容选自模块:

- 传感与测量技术
- 工业物联网
- 移动通信
- 大数据基础
- 工业互联网平台
- 智能运维与健康管理

#课程例3——“智能车间与工厂”(3学分),内容选自模块:

- 智能工艺设计
- 智能装配工艺

- 传感与测量技术
- 智能数控
- 工业机器人
- 协作机器人
- 智能调度
- 制造执行系统(MES)
- 制造质量控制

总之,模块单元教材可以组成诸多可能的课程教材,还有如“机器人及智能制造应用”“大批量定制生产”等。

此外,编委会还强调应突出知识的节点及其关联,这也是此系列教材的特点。关联不仅体现在某一课程的知识节点之间,也表现在不同课程的知识节点之间。这对于读者掌握知识要点且从整体联系上把握智能制造无疑是非常重要的。

本系列教材的编著者多为中青年教授,教材内容体现了他们对前沿技术的敏感和在一线的研发实践的经验。无论在与部分作者交流讨论的过程中,还是通过对部分文稿的浏览,笔者都感受到他们较好的理论功底和工程能力。感谢他们对这套系列教材的贡献。

衷心感谢机械教指委和清华大学出版社对此系列教材编写工作的组织和指导。感谢庄红权先生和张秋玲女士,他们卓越的组织能力、在教材出版方面的经验、对智能制造的敏锐性是这套系列教材得以顺利出版的最重要因素。

希望本系列教材在推进智能制造的过程中能够发挥“系列”的作用!

2021 年 1 月

# 丛书序2

## FOREWORD

制造业是立国之本，是打造国家竞争能力和竞争优势的主要支撑，历来受到各国政府的高度重视。而新一代人工智能与先进制造深度融合形成的智能制造技术，正在成为新一轮工业革命的核心驱动力。为抢占国际竞争的制高点，在全球产业链和价值链中占据有利位置，世界各国纷纷将智能制造的发展上升为国家战略，全球新一轮工业升级和竞争就此拉开序幕。

近年来，美国、德国、日本等制造强国纷纷提出新的国家制造业发展计划。无论是美国的"工业互联网"、德国的"工业 4.0"，还是日本的"智能制造系统"，都是根据各自国情为本国工业制定的系统性规划。作为世界制造大国，我国也把智能制造作为推进制造强国战略的主攻方向，并于 2015 年发布了《中国制造 2025》。《中国制造 2025》是我国全面推进建设制造强国的引领性文件，也是我国实施制造强国战略的第一个十年的行动纲领。推进建设制造强国，加快发展先进制造业，促进产业迈向全球价值链中高端，培育若干世界级先进制造业集群，已经成为全国上下的广泛共识。可以预见，随着智能制造在全球范围内的孕育兴起，全球产业分工格局将受到新的洗礼和重塑，中国制造业也将迎来千载难逢的历史性机遇。

无论是开拓智能制造领域的科技创新，还是推动智能制造产业的持续发展，都需要高素质人才作为保障，创新人才是支撑智能制造技术发展的第一资源。高等工程教育如何在这场技术变革乃至工业革命中履行新的使命和担当，为我国制造企业转型升级培养一大批高素质专门人才，是摆在我们面前的一项重大任务和课题。我们高兴地看到，我国智能制造工程人才培养日益受到高度重视，各高校都纷纷把智能制造工程教育作为制造工程乃至机械工程教育创新发展的突破口，全面更新教育教学观念，深化知识体系和教学内容改革，推动教学方法创新，我国智能制造工程教育正在步入一个新的发展时期。

当今世界正处于以数字化、网络化、智能化为主要特征的第四次工业革命的起点，正面临百年未有之大变局。工程教育需要适应科技、产业和社会快速发展的步伐，需要有新的思维、理解和变革。新一代智能技术的发展和全球产业分工合作的新变化，必将影响几乎所有学科领域的研究工作、技术解决方案和模式创新。人工智能与学科专业的深度融合、跨学科网络以及合作模式的扁平化，甚至可能会消除某些工程领域学科专业的划分。科学、技术、经济和社会文化的深度交融，使人们可以充分使用便捷的软件、工具、设备和系统，彻底改变或颠覆设计、制造、销售、服务和消费方式。因此，工程教育特别是机械工程教育应当更加具有前瞻性、创新性、开放性和多样性，应当更加注重与世界、社会和产业的联系，为服务我国新的“两步走”宏伟愿景做出更大贡献，为实现联合国可持续发展目标发挥关键性引领作用。

需要指出的是，关于智能制造工程人才培养模式和知识体系，社会和学界存在多种看法，许多高校都在进行积极探索，最终的共识将会在改革实践中逐步形成。我们认为，智能制造的主体是制造，赋能是靠智能，要借助数字化、网络化和智能化的力量，通过制造这一载体把物质转化成具有特定形态的产品(或服务)，关键在于智能技术与制造技术的深度融合。正如李培根院士在丛书序1中所强调的，对于智能制造而言，“无论是互联网、物联网、大数据、人工智能，还是数字经济、数字社会，都应该落脚在制造上”。

经过前期大量的准备工作，经李培根院士倡议，教育部高等学校机械类专业教学指导委员会(以下简称“机械教指委”)课程建设与师资培训工作组联合清华大学出版社，策划和组织了这套面向智能制造工程教育及其他相关领域人才培养的本科教材。由李培根院士和雒建斌院士、部分机械教指委委员及主干教材主编，组成了智能制造系列教材编审委员会，协同推进系列教材的编写。

考虑到智能制造技术的特点、学科专业特色以及不同类别高校的培养需求，本套教材开创性地构建了一个“柔性”培养框架：在顶层架构上，采用“主干教材＋模块单元教材”的方式，既强调了智能制造工程人才必须掌握的核心内容(以主干教材的形式呈现)，又给不同高校最大程度的灵活选用空间(不同模块教材可以组合)；在内容安排上，注重培养学生有关智能制造的理念、能力和思维方式，不局限于技术细节的讲述和理论知识的推导；在出版形式上，采用“纸质内容＋数字内容”的方式，“数字内容”通过纸质图书中列出的二维码予以链接，扩充和强化纸质图书中的内容，给读者提供更多的知识和选择。同时，在机械教指委课程建设与师资培训工作组的指导下，本系列书编审委员会具体实施了新工科研究与实践项目，梳理了智能制造方向的知识体系和课程设计，作为规划设计整套系列教材的基础。

本系列教材凝聚了李培根院士、雒建斌院士以及所有作者的心血和智慧，是我国智能制造工程本科教育知识体系的一次系统梳理和全面总结，我谨代表机械教指委向他们致以崇高的敬意！

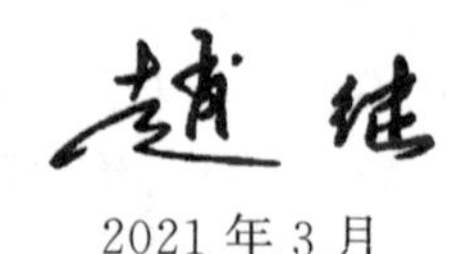

2021年3月

# 前言

# PREFACE

装配是产品研制过程的最终环节，也是关键环节，其概念是一个具有丰富内涵的有机整体，不仅是将零件简单地组装到一起的过程，更重要的是组装后的产品能够实现相应的功能。因此，装配在很大程度上决定了产品的最终质量和使用寿命，装配技术是难度大、工程量艰巨、协作面广、管理复杂的综合性高科技技术。随着装配技术的不断进步和发展，产品装配已跨越了手工阶段、半自动化阶段、自动化阶段，到如今的数字化阶段，正在向智能化阶段迈进。在数字化技术的推动下，形成了各种装配工艺及相关工艺装备，并取得了显著的经济效益。

本书作者在深入调查研究、查阅大量资料的基础上，从传统与数字化、国内与国外等纵向、横向角度立体分析对比装配技术，并经过系统总结与精炼，编著此书。全书以面向工程为宗旨，将技术原理、设备支持与工程实践有机结合，内容丰富、信息量大、论述全面、叙述简明、科学严谨，注重深入浅出、图文并茂，突出重点与分散难点，并穿插有思考题，附有与工程实际相关联的学习拓展资料，兼顾了严谨性与可读性。

全书共分5章，内容安排如下：

第1章为装配工艺及发展趋势，主要介绍与装配相关的基本概念、装配技术的发展历史及发展趋势。

第2章为智能装配工艺与装备技术体系，主要讲述智能装配核心工艺、典型方法及装备和智能装配生产线等相关知识。

第3章为智能装配工艺设计，进一步讨论了智能装配工艺设计过程中的工作重点与技术难点，如装配工艺规划、装配工艺仿真、装配容差设计的相关知识。

第4章为典型智能装配方法及装备，进一步讨论了智能装配中定位、制孔、连接、检测等相关知识。

第5章为智能装配生产线与典型行业应用，具体解释了有关智能装配系统与智能装配生产线等相关知识，并结合典型行业应用案例进一步做了讲解。

本书既是对目前装配技术研究与应用的提炼与总结，也是对今后先进装配技术发展的规划与指导，具有标志性意义；既适合装配领域各层次的技术人员和管理人员参阅，也可以作为相关领域科研人员的参考资料和高等院校相关专业教师、研究生的教材。本书的出版不但对各研究生产机构技术交流有着促进作用，而且对装配领域的人才培养有着重要意义。

智能装配技术正处于高速发展阶段，有些观点有待于进一步工程验证，由于作者水平有限，书中疏误在所难免，敬请读者批评指正。

张开富等作者

2022年9月

# 目录

# CONTENTS

# 第1章

# 装配工艺及发展趋势

装配是产品研制过程的关键环节，在很大程度上决定了产品的最终质量和使用寿命。随着装配技术的不断进步和发展，产品装配已跨越了手工阶段、半自动化阶段、自动化阶段，正在向数字化、智能化阶段迈进。在数字化技术的推动下，形成了各种装配工艺及相关工艺装备。本章主要介绍装配的基本概念、发展历史及发展趋势。

## 1.1 装配的定义及工艺

### 1.1.1 装配

装配是一个具有丰富内涵的有机整体，它不仅仅是将零件简单组装到一起的过程，更重要的是组装后的产品能够实现相应的功能，体现产品的质量。因此，有必要对其概念、重要性进行深入了解与掌握。

**1. 装配的定义**

**定义 1-1** 装配的定义：将零件按规定的技术要求组装起来，使各种零件、组件、部件具有规定的质量精度与相互位置关系，并经过调试、检验使之成为合格产品的过程。

产品是由若干零件、组件和部件组成的。在产品研制过程的最后阶段，需要将这些零件、组件和部件合理地进行组装，使之成为合格产品。在《中国大百科全书》中，机械装配指的是“按设计技术要求将零件和部件配合并连接成机械产品的过程”。《机械制造工艺学》中对装配的解释为“按规定的技术要求，将零件、组件和部件进行配合和连接，使之成为半成品或成品的工艺过程。装配不仅是零件、组件、部件的配合和连接过程，还应包括调整、检验、实验、油漆和包装等工作”。纵观飞机、汽车、电子设备等各大制造业，装配就是将具有一定形状、精度、质量的各种零件、组件、部件按照规定的技术条件和质量要求进行配合与连接，并进行检验与实验的整个工艺过程。按照装配件的复杂程度，装配阶段被划分为组件装配、部件装配与总装配。

**2. 装配工程的意义**

按照产品研制过程工作内容的先后次序来划分，产品研制过程主要分为设计阶段、制造阶段及验证阶段，其中，设计阶段给出了产品质量的固有属性，制造阶段通过一系列产品定义技术、零件加工技术、装配技术及测量与检验技术等保证了产品的最终质量和使用寿命，验证阶段通过设计指标对产品质量做出评价。

装配是制造阶段的最终环节，同时也是最关键的环节，是复杂产品制造全生命周期中最重要的、耗费精力和时间最多的步骤之一，在很大程度上决定了产品的最终质量、制造成本和生产周期。以飞机装配为例，其工作量占整个产品研制工作量的20%～70%，平均为45%，装配过程约占产品制造总工时的50%，装配相关的费用占生产制造成本的25%～35%，如图1-1所示。产品的可装配性和装配质量直接影响着产品的性能与寿命、制造系统的生产效率和产品的总成本。因此，采用先进的装配技术与适当的装配方法来实现装配质量的更优控制具有重大的工程意义。

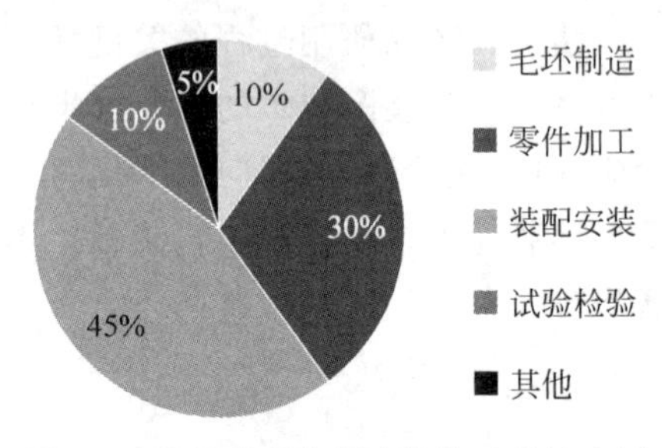

图1-1 飞机装配占制造整体过程的比例

**3. 典型装配实例**

装配的主要目的是将大量零件按照设计要求进行组合、连接成为合格产品。由于不同行业产品的零件数目、结构类型、产品可装配性及技术要求等各不相同，所以装配的含义不尽相同。下面以飞机装配、汽车装配及家电产品装配等典型实例进行说明。（本书最后一章将做详细介绍）

1）飞机装配实例

飞机的结构不同于一般的机械产品，其外形复杂、尺寸大、零件及连接件数量多、协调关系复杂，在装配过程中极易产生变形。飞机的装配过程就是将大量的飞机零件按设计及技术要求进行组合、连接的过程。如图1-2、图1-3所示，一般是将零件先装配成比较简单的组合件和板件，然后逐步装配成比较复杂的段件和部件，最后将各部件对接成整架飞机。

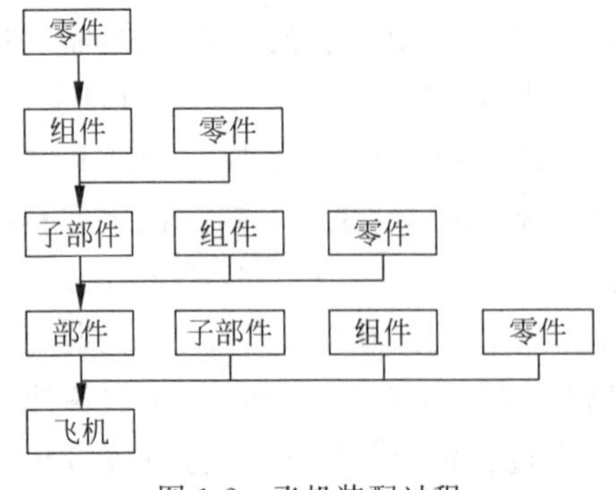

图1-2 飞机装配过程

2）汽车装配实例

汽车产品（包括整车及总成等）的装配是汽车产品制造过程中最重要的工艺环节之一，同时也是汽车全部制造工艺过程的最终环节。其流程是把经检验合格的数以千计的各种零部件按照规定的精度标准和技术要求组合成总成、分总成、

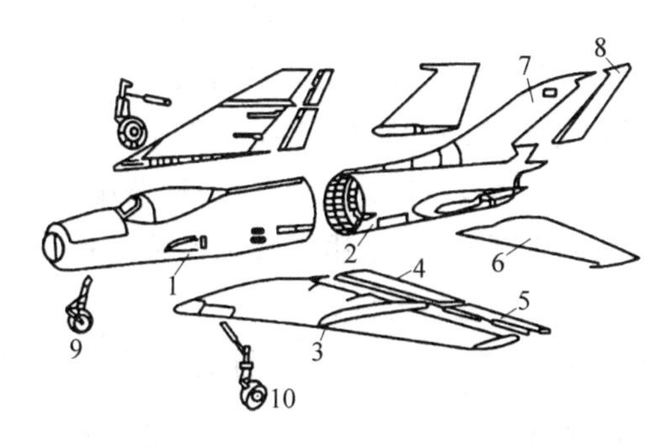


1—前机身；2—后机身；3—机翼；4—襟翼；5—副翼；6—水平尾翼；
7—垂直安定面；8—方向舵；9—前起落架；10—主起落架。

图 1-3 飞机结构划分为部件

整车，并经严格的检测程序，确认其是否合格的工艺过程。汽车装配工艺就是使汽车这个生产对象在数量、外观上发生变化的工艺过程。数量的变化表现为在装配过程中，零部件、总成的数量在不断增加并相互有序地结合起来。外观的变化表现为零部件、总成之间有序结合后具有一定的相互位置关系，在流水线装配推进过程中，外形不断发生变化，最后组装成一辆完整的汽车。

汽车装配过程是在机械化的流水生产线上完成的，其内容包括汽车总成部件的配送、装配、车身的输送及汽车整车的下线检测等。为了提高汽车整车的装配效率，通常在汽车总装线的旁边设置若干汽车主要总成部件的分装线（也称为部装线），如内饰线、车身合装线、机械分装线、动力总成分装线、车门分装线、车桥分装线、仪表总成分装线等。汽车装配工艺流程如图 1-4 所示。

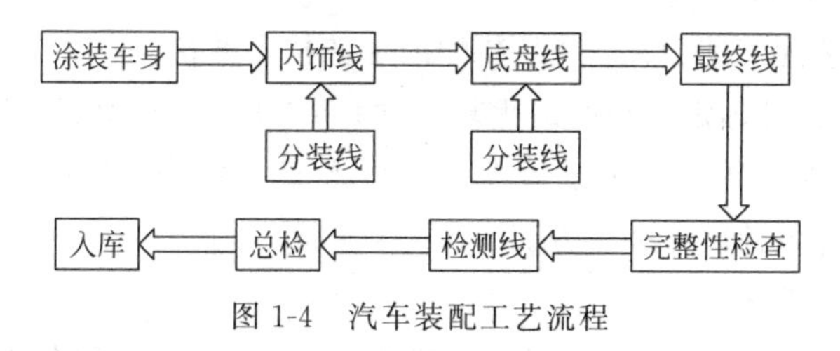


图 1-4 汽车装配工艺流程

3）家电装配实例

家电是机电领域技术最密集的产品之一，在家电组装过程中，由于被组装零件的多样性、工艺的烦琐性，使家电组装线显得尤为重要。家电组装线是一个对家电顺序组装的流水线工艺过程，每个工位之间是流水线生产，因此，每个环节的控制必须具备高可靠性和一定的灵敏度才能保证生产的连续性和稳定性。合理规划家电组装线可以更好地实现产品的高精度、高效率、高柔性和高质量。家电组装线主要包括总装线、分装线、工位器具及线上工具等。在总装线和分装线上，目前国内普遍采用柔性输送线输送工件，并在线上配置自动化组装设备以提高效率。

随着国内外精密/超精密加工技术的快速发展，产品零部件的加工精度和一致性得到了显著提高，装配环节对产品性能的保障作用正日益凸显。装配过程中不能仅仅依靠零件自身形状与尺寸的加工精度来保证装配出合格的产品，而是需要根据产品特征设计装配工艺方案，包括装配工艺设计、装配工艺基准和装配工艺方法等；装配中除了采用各种通用机床、常用工具和实验设备外，还需要针对不同的零件、组件及部件制定专门的装配工艺装备。

更多关于装配实例的资料可以扫描下方二维码进行拓展阅读。

飞机制造和装配过程

中央空调制造过程

### 1.1.2 装配工艺

装配工艺是工艺部门根据产品结构、技术条件和生产规模制定的各个装配阶段所运用的基准、方法及技术的总称。将零件、组件的装配过程和操作方法以文件或数据(三维模型)的形式做出明确规定而形成的装配工艺规程是组织生产和指导现场操作的重要依据。装配工艺保证了产品的装配精度、物理指标及服役运营指标，是决定产品质量的关键环节，其主要内容包括装配工艺设计、装配工艺基准及装配工艺方法等。

#### 1. 装配工艺设计

**定义 1-2** 装配工艺设计：产品装配的工艺技术准备。

装配工艺设计是确定产品的最优装配方案，其贯穿于产品设计、试制和批量生产的整个过程。部件装配工艺设计在产品生产研制各个阶段的工作重点虽然不同，但其主要内容包括以下 8 个方面。

1) 装配单元划分

根据产品的结构工艺特征合理进行工艺分解，可将部件划分为装配单元。装配单元是指可以独立组装达到工程设计尺寸与技术要求，并作为进一步装配的独立组件、部件或最终产品的一组构件。

2) 确定装配基准和装配定位方法

装配工艺设计的任务是采用合理的工艺方法和工艺装备来保证装配基准的实现。

3) 选择保证准确度、互换性和装配协调的工艺方法

为了保证部件的准确度和互换协调要求，必须制定合理的工艺方法和协调方法。其内容包括：制定装配协调方案，确定协调路线，选择标准工艺装备，确定工

艺装备与工艺装备之间的协调关系，利用设计补偿和工艺补偿措施等。

4）确定各装配元素的供应技术状态

供应技术状态是对装配单元中各组成元素在符合图样规定之外而提出的其他要求，也就是对零件、组件、部件提出的工艺状态要求。

5）确定装配过程中工序、工步组成和各构造元素的装配顺序

装配过程中的工序、工步组成包括：装配前的准备工作，零件和组件的定位、夹紧、连接，系统和成品的安装，互换部位的精加工，各种调试、实验、检查、清洗、称重和移交工作，工序检验和总检等。装配顺序是指装配单元中各构造元素的先后安装次序。

6）选定所需的工具、设备和工艺装备

工作内容包括：

（1）编制通用工具清单。

（2）选择通用设备及专用设备的型号、规格、数量。

（3）申请工艺装备的项目、数量，并对工艺装备的功用、结构、性能提出设计技术要求。

与此同时，工艺装备包括以下几类：

（1）标准工艺装备，包括标准样件、标准模型、标准平板、标准量规及制造标准的过渡工艺装备等。

（2）装配工艺装备，包括装配夹具（型架）、对合型架、精加工型架、安装定位模型（量规、样板）、补铆夹具、专用钻孔装置、钻孔样板（钻模）等。

（3）检验实验工艺装备，包括测量台、实验台、振动台、清洗台、检验型架、平衡夹具、实验夹具等。

（4）地面设备，包括吊挂、托架、推车、千斤顶、工作梯。

（5）专用刀具量具，包括钻头、扩孔钻、铰（拉、镗）刀、锪、钻、塞规（尺）及其他专用测量工具等。

（6）专用工具，包括用于拧紧、夹紧、密封、铰接、钻孔等的工具。

（7）二类工具，包括顶把、冲头等。

7）零件、标准件、材料的配套

主要内容包括：

（1）按工序对零件（含成品）、标准件进行配套。

（2）计算材料（基本材料、辅助材料）定额。

（3）按部件汇总标准件、材料。

8）进行工作场地的工艺布置

工艺布置的内容包括：概算装配车间总面积，准备原始资料，绘制车间平面工艺布置图。

**2. 装配工艺基准**

**定义 1-3** 基准：确定结构件之间相对位置的点、线、面。

基准分为设计基准和工艺基准。设计基准是设计时用来确定零件外形或决定结构相对位置的基准，一般是不存在于结构表面的点、线、面，在生产中往往无法直接利用设计基准，因此在装配过程中要建立装配工艺基准。

**定义 1-4** 装配工艺基准：存在于零件、装配件上的具体的点、线、面。

在工艺过程中使用，装配工艺基准可以用来确定结构件的装配位置。根据功用不同，装配工艺基准可以分为定位基准、装配基准、测量基准与混合基准——K 孔。

(1) 定位基准，用来确定结构件在设备或工艺装备上的相对位置。一般确定装配元件的定位方法，如划线、装配孔、基准零件、工装定位件等。

(2) 装配基准，用来确定结构件之间的相对位置。

(3) 测量基准，用于测量结构件装配位置尺寸的起始尺寸位置。一般用于测量产品关键协调特征是否满足设计要求。

(4) 混合基准——K 孔，即在数字量协调技术中，为减少误差累积，尽量保证定位基准、装配基准和测量基准的统一，大量应用 K 孔作为零件制造过程和装配过程中共用的基准。

**3. 装配工艺方法**

1) 装配定位方法

**定义 1-5** 装配定位方法：确定装配单元中各组成元素相互位置的方法。

装配定位方法是在保证零件之间的相互位置准确，装配以后能满足产品图样和技术条件要求的前提下，综合考虑操作简便、定位可靠、质量稳定、开敞性好、工装费用低和生产准备周期短等因素之后选定的。常用的定位方法有 4 种，即划线定位法、基准件定位法、定位孔定位法和装配夹具定位法，见表 1-1。

**表 1-1 传统装配定位方法**

| 类 别 | 方 法 | 特 点 | 选 用 |
| --- | --- | --- | --- |
| 划线定位法 | ① 用通用量具或划线工具来划线；<br>② 用专用样板划线；<br>③ 用明胶模线晒相方法 | ① 简便易行；<br>② 装配准确度较低；<br>③ 工作效率低；<br>④ 节省工艺装备费用 | ① 成批生产时，用于简单的、易于测量的、准确度要求不高的零件定位；<br>② 作为其他定位方法的辅助定位 |
| 基准件定位法 | 以产品结构件上的某些点、线来确定待装件的位置 | ① 简便易行，节省工艺装备，装配开敞，协调性好；<br>② 基准件必须具有较好的刚性和位置准确度 | ① 有配合关系且尺寸或形状相一致的零件之间的装配；<br>② 与其他定位方法混合使用；<br>③ 刚性好的整体结构件装配 |

续表

| 类　别 | 方　法 | 特　点 | 选　用 |
| --- | --- | --- | --- |
| 定位孔定位法 | 在相互连接的零件(组合件)上,按一定的协调路线分别制出孔,装配时零件以对应的孔定位来确定零件(组合件)的相互位置 | ① 定位迅速、方便;<br>② 不用或仅用简易的工艺装备;<br>③ 定位准确度比工艺装备低,比划线定位高 | ① 内部加强件的定位;<br>② 平面组合件非外形零件的定位;<br>③ 组合件之间的定位 |
| 装配夹具定位法 | 利用型架(如精加工台)定位确定结构件的装配位置或加工位置 | ① 定位准确度高;<br>② 制装配变形或强迫低刚性结构件符合工艺装备;<br>③ 能保证互换部件的协调;<br>④ 生产准备周期长 | 应用广泛的定位方法,能保证各类结构件的装配准确度要求 |

2) 装配连接方法

当各个零件完成定位后,需要针对零件的材料、结构及装配件的使用性能等选择恰当的装配连接方法,从而实现产品的可靠连接。产品装配中常用的连接方法包括机械连接、胶接和焊接等。

(1) 机械连接。机械连接是一种采用紧固件将零件连接成装配件的方法,常用的紧固件有螺栓、螺钉、铆钉等。机械连接作为一种传统的连接方法,在装配过程中应用最为广泛,具有不可替代的作用,其主要特点有:

① 连接质量稳定可靠。

② 工具简单,易于安装,成本低。

③ 检查直观,容易排除故障。

④ 削弱强度,产生应力集中,造成疲劳破坏的可能性大。

(2) 胶接。胶接是通过胶黏剂将零件连接成装配件。通常情况下,胶接可作为铆接、焊接和螺栓连接的补充;在特定条件下,可根据设计要求提供所需要的功能。与传统的连接方法相比,胶接具有如下特点:

① 充分利用被黏材料的强度,不会破坏材料的几何连续性。

② 无局部应力集中,提高接头的疲劳寿命。

③ 胶接构件有效地减轻了重量。

④ 可根据使用要求选取相应的胶黏剂,实现密封、抗特定介质腐蚀等功能。

⑤ 胶接工艺简单,但质量不易检查。

⑥ 胶接质量易受诸多因素影响,存在老化现象。

(3) 焊接。焊接是通过加热、加压或两者并用,使得分离的焊件形成永久性连接的工艺方法。焊接结构的应用领域越来越广泛,包括航空航天、汽车、船舶、冶金和建筑等。焊接的主要特点如下：

① 节省材料，减轻重量。

② 生产效率高，成本低，显著改善劳动条件。

③ 可焊范围广，连接性能好。

④ 可焊性好坏受材料、零件厚度等因素的影响。

⑤ 质量检测方法复杂。

3）装配测量与检验

在组件、部件及总装配过程中，在重要装配操作前后往往需要进行中间检查，测量与检验是确保装配质量的直接保障手段，有的测量设备已经作为工艺装备的一部分，直接参与产品装配。按照测量对象的不同，装配测量与检验技术主要分为以下3类。

（1）几何量的测量。几何量的测量包括产品的几何形状、位置精度等的测量。根据测量方法的不同，主要分为接触式测量与非接触式测量。接触式测量是通过测量头与被测物发生接触，从而获得被测物几何信息的测量方法，主要测量设备有三坐标测量机和关节臂式测量仪，主要测量对象是机械产品的几何量。非接触式检测手段主要有光学测量、视觉测量和激光测量等，其中，光学测量是利用2台或多台电子经纬仪的光学视线在空间的前方进行交汇形成测量角，主要检验对象是产品的位置精度；视觉测量是使用单台或多台相机对被测物进行照相后，再通过图像识别与数据处理等手段对被测物进行测量。激光测量技术通过对被测物表面进行扫描，获得表面点云数据，再通过逆向工程得到产品表面信息，其主要检验对象是产品形状精度。

（2）物理量的检测。物理量的检测，即装配力、变形量、残余应力、振动、质量特性等的检测。在物理量检测方面，主要包括面向装配力、变形测量的电阻应变片测量，光测方法，磁敏电阻传感器测量，声弹原理测量方法等。电阻应变片测量是基于金属导体的应变效应，将应变转换为电阻变化的测量方法，目前已广泛应用于各种检测系统中。光测方法是以光的干涉原理或者直接以数字图像分析技术为基础的一类实验方法，其以20世纪60年代激光的出现和数字图像处理技术的成熟为标志，主要分为经典光测方法（包括光弹、云纹等）和现代光测方法（包括全息干涉、云纹干涉、散斑计量及数字散斑相关和数字图像分析等）。磁敏电阻传感器测量是基于磁阻效应的一种测量方法，可以利用它制成位移和角度检测器等。声弹原理测量方法是利用超声剪切波的双折射效应测量应力的方法，主要应用于应力分析。

（3）状态量的检验。状态量的检验包括产品装配状态、干涉情况、密封性能等的检验。在产品内部结构检测技术方面，主要成果包括数字射线DR成像技术（digital radiography）、计算机断层扫描技术（computer tomography）等。在泄漏检测方面，目前主要采用的是超声波检测泄漏相机技术，超声波检漏在设备上的使用使在线检漏成为现实，不但能够检测装备在运行时有无泄漏，而且能够检测泄漏率的大小。

**4. 典型装配工艺实例**

同样地，由于飞机、汽车等产品的功能不同、零部件结构不同、数量不同，导致它们的装配工艺各具特点，如飞机装配时由于组件尺寸大、刚度低，需要专门的工装来保证装配时结构形状固定；汽车装配件种类、数量繁多，装配工作较为复杂。下面分别对飞机装配、汽车装配的典型装配工艺实例进行说明。

1）飞机装配工艺实例

（1）壁板类组合件装配。飞机壁板一般由蒙皮、隔框、长桁、连接片等组成。根据其结构不同，飞机壁板可分为强蒙皮弱骨架类和薄蒙皮强骨架类。

对于强蒙皮弱骨架类壁板，装配时可选择吸盘式柔性工装。柔性工装调整好型面后，先装蒙皮，蒙皮定位后，再进行长桁和隔框的定位。在批量生产中，蒙皮、长桁和隔框零件制造时应尽量按数模制出装配孔。长桁和隔框按装配孔确定与蒙皮的位置关系，定位夹紧后用自动钻铆机进行铆接。

对于薄蒙皮强骨架类壁板，一般在工装上先装骨架，再装蒙皮。数字化条件下大部分零件采用K孔作为装配定位基准，此类壁板一般是按工装内卡板上的定位孔定位隔板，用长桁定位器定位长桁，然后按零件的约束关系自定位连接角片，形成壁板骨架，最后按蒙皮端面、K孔或装配孔确定蒙皮位置，进行铆接装配。

（2）机身类部件装配。某型机后机身是由框、梁和整体壁板等纵、横构件组成的半硬壳式结构。为承受和传递发动机和垂尾的集中载荷，后机身横向布置了4个加强框。在各加强框之间布置了普通框，用来维持机身的界面形状。在纵向布置了尾梁内、外侧壁板，发动机推力梁，上大梁，下大梁等承力构件，纵、横向承力构件共同承受机身总体弯矩、扭矩和剪力。平尾接头布置在尾梁区，在结构上分别在尾梁内、外侧壁板的后端外伸出两个接头，与平尾交点接头两根主梁上的接头连接。后机身的主要结构及层次关系如图1-5所示。

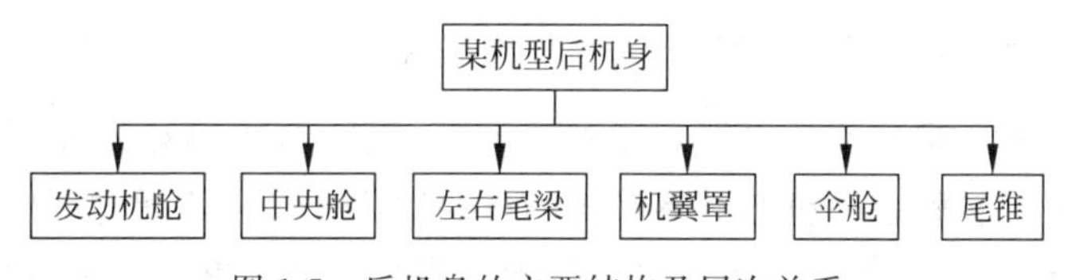


图1-5 后机身的主要结构及层次关系

丰田电动汽车底盘和料电池组装全过程

2）汽车装配工艺实例

以汽车底盘的装配为例，汽车底盘装配的主要工艺流程如图1-6所示，更多信息可扫描右侧二维码进行拓展阅读。

汽车底盘的装配因其构成不同导致具体的装配工艺过程有所差异，但实际生

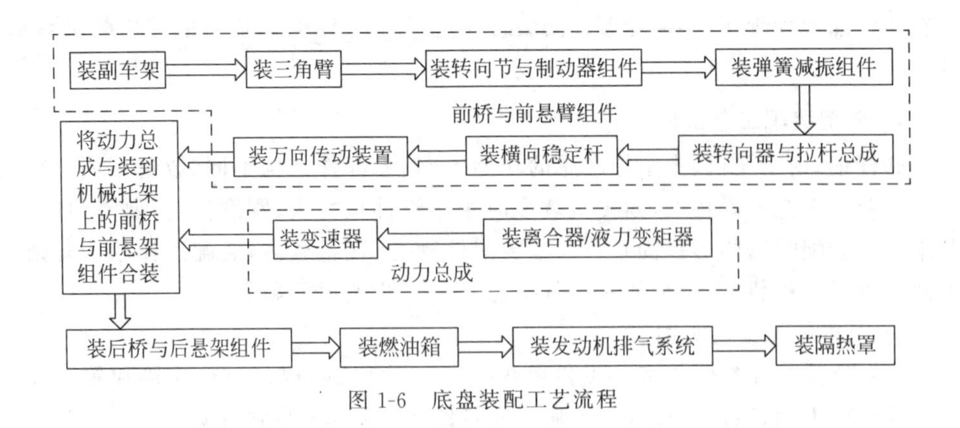


图 1-6　底盘装配工艺流程

产中发现不同构成的底盘装配模块只存在工序数的差异，主体的装配工艺基本相同。具体装配过程为：将副车架安装到机械托架上，依次安装悬架中左、右两侧的三角臂，转向节与制动器组件，弹簧减振组件，转向器与拉杆总成，横向稳定杆，万向传动装置，然后将已组装完成的动力总成（发动机、离合器、变速器）安装到副车架上。

飞机、汽车的装配具有高精度、多部件、多工序等特点，具体的装配工艺和装配流程存在相同之处，比如在装配过程中由于零部件数量大、种类多，飞机与汽车的装配均可划分为组件装配、部件装配、总装的“分—总”装配模式。由于二者的结构、功能需求各不相同，在具体的装配工艺上必然存在差异。飞机部件体积大、刚度小、装配精度要求高，在装配过程中不能仅依靠自身形状和加工精度来保证装配质量，因此需要针对不同机型、不同部件定制专用工装夹具。汽车制造需求高、产量大，自动化、机械化水平较高，流水线生产趋于成熟，一种车型产量数以百万计，且新型号的汽车更新换代速度快，对于生产线的产能、适配性要求较高；而飞机制造由于零部件数量多、装配精度要求高，单一型号产量不足万架，且更新换代速度慢，对于生产线的质量需求远大于产量需求。

### 1.1.3　装配工艺装备

装配工艺装备是装配技术体系中的重要环节，本节内容首先介绍装配工艺装备的定义。由于装配在飞机产品制造中的重要地位且飞机装配过程中用到了大量的装配工艺装备，因此本节内容对飞机装配工艺装备进行单独定义，以飞机产品的装配过程为例，介绍了典型装配工艺装备的分类。

#### 1. 装配工艺装备的定义

工艺装备在工业生产中是必不可少的，工艺装备可以将复杂的生产加工方法简单化，大大缩短产品的生产加工周期。对于装配过程而言，先进的装配工艺需要先进的工艺装备，工艺装备的设计制造水平，对保证高效率的生产和产品的高质量至关重要。

**定义 1-6** 装配工艺装备：简称工装，是制造产品所需要的刀具、夹具、模具、量具和工位器具的总称。

应用在装配过程中的工艺装备都是装配工艺装备，简称装配工装。在装配过程中，工装对保障零部件的质量有着重大影响，且对于越复杂的结构，工装的数量越多，其作用越明显。以飞机装配为例，飞机装配过程中采用了大量的工艺装备来保证产品的制造准确度和协调准确度。例如，SU-27 飞机采用的工装超过 6 万件，对于大型民用飞机而言，采用的工装数量更多。

**2. 装配工艺装备的主要分类**

装配工艺装备有两种典型的分类方式，分别是按照使用范围的分类方式和按照装备功用的分类方式。

1）按照使用范围分类

装配工艺装备按照其使用范围，可分为通用和专用两种。

通用工艺装备（简称通用工装）适用于各种产品，具有种类多、应用广的特点，如常用刀具、量具等。

专用工艺装备（简称专用工装）仅适用于某种产品、某个零部件或某道工序。一般而言，在大批量生产过程中或产品结构较为复杂、产品技术要求、质量要求较高时大多采用专用工装。

以航空航天产品的装配过程为例，以飞机为代表的产品零件数量多，结构复杂，协调关系多，因此在整个飞机装配过程中需要用到大量的装配型架、夹具、模具、标准样件、量规等典型装配工艺装备。这些专用的工艺装备在对工件进行加工成形、装配安装、测量检查，以及工艺装备之间的协调移形等方面都发挥着重要作用。

2）按照装备功用分类

装配工艺装备根据功用分为标准工艺装备和生产工艺装备。

（1）标准工艺装备。标准工艺装备是具有零件、组合件或部件的准确外形和尺寸的刚性实体，是制造和检验生产工艺装备外形和尺寸的依据，又可以称为主工装。需要具备较高的刚度、准确度、稳定性，如标准量规、结合样板等。

标准工艺装备（简称标准工装），主要包括标准样板、标准样件等，是传统制造模式中最重要的协调依据。传统的飞机制造是按照“模线—样板—标准样件—各种生产工装”的工序把飞机的设计要求传递到产品上的。全机的理论模线和结构模线体现了飞机的理论外形和全机的协调关系。在数字化制造系统中，以实物出现的标准工装逐步被数字化主机和数字化主工装所替代。利用产品或工装三维模型中的协调特征作为数字化协调依据进行工装和定位器的协调设计与制造，是产品、工装之间相互协调的重要依据。

当前的飞机装配模式是一种综合式尺寸传递方式，具体表现为：多数模线样板和标准样件被主尺寸表面模型(master dimension surface)取代,但仍有不少样板及少量标准样件应用于协调综合标准样件上各对接接头或孔隙的相对位置。数字化标准工装的定义与应用使得飞机制造中的协调方法发生了根本变化,显著缩短了飞机的研制周期,降低了研制成本。

(2) 生产工艺装备。生产工艺装备直接用于零件、组件、部件的装配定位及检测等各个环节,以保证装配准确度及飞机各协调部位的协调准确度要求。

生产工艺装备(简称生产工装),主要包括装配夹具(型架)、对合型架、测量与检测装置、专用钻孔/铆接装置等,是配合相关工艺完成高精度装配及协调装配的重要工具。

装配型架的重要作用主要体现在两个方面:一方面,装配型架通过定位与压紧装置保证待装配部件的每个零件或组件按照正确的装配顺序和装配位姿完成定位和连接;另一方面,装配型架通过控制关键质量控制点/面,保证装配完成的部件或组件能够在部件或大部件组装环节实现精准对接。通常,装配完成的部件或组件在装配型架上解除相关压紧装置后,需应用激光跟踪仪等数字化测量设备,对架上部件的气动外形进行检测。

钻孔/铆接装置的重要作用主要体现在两个方面:一方面,铆接作为一种传统的机械连接技术,由于其具有连接可靠、质量轻、成本低等特点,被广泛应用于航空航天领域,铆接的质量对飞机的安全性能有着重要影响。1988年,阿罗哈航空243号班机事故发生的主要原因之一就是铆接结构的疲劳失效。另一方面,提升制孔质量的一致性、制孔效率,控制铆钉钉杆的均匀膨胀,实现均匀干涉是提高飞机装配质量与疲劳寿命的有效途径。

国外先进的主机制造商的飞机组、部件的钻铆技术,经历了由传统的手工铆接到半自动钻铆系统,再到自动钻铆系统的发展过程。相关数据表明,手工钻铆的平均效率为15秒/钉,自动钻铆效率最快能达到3秒/钉,效率提高了5倍;手工铆接镦头高度公差为0.5mm,自动钻铆形成的镦头高度公差能达到0.05mm,精度可提高10倍。自动钻铆设备按照结构形式可分为龙门式自动钻铆系统、C形架式自动钻铆系统与机器人自动钻铆系统,此部分内容将在第2章进一步提及,并在第4章做详细介绍。

装配工艺装备的分类方式决定了装配工装与工艺的高度配合性。对于各类产品而言,装配工装在定位、保型、位姿调控等方面都发挥着重要作用,直接影响着装配性能的好坏与装配效率的高低。在智能制造引领的制造业转型浪潮下,为适应现代产品的装配需求,柔性、自动化工装是装配工装的发展趋势,详细介绍见第4章。

目前,我国已经初步形成了以自动化生产线、智能检测与装配装备、智能控制系统、工业机器人等为代表的产业体系,且产业规模日益增长。未来,在"中国制造2025"战略的不断落实与推进,以及物联网、云技术、人工智能等新兴技术的推动下,我国智能装备行业将保持较快增长。

关于我国智能装备行业的市场规模与发展趋势等信息可以通过扫描右侧二维码自行阅读。

中国智能装备制造行业市场规模及发展趋势分析

## 1.2　装配的发展历史

随着大规模工业化生产的兴起，产品装配技术得到了快速发展。如图1-7所示，产品装配已经经历了从手工装配、半自动化装配到自动化装配3个阶段，而以数字化、柔性化、智能化为特征的先进装配技术已成为各大制造业发展的迫切需求。

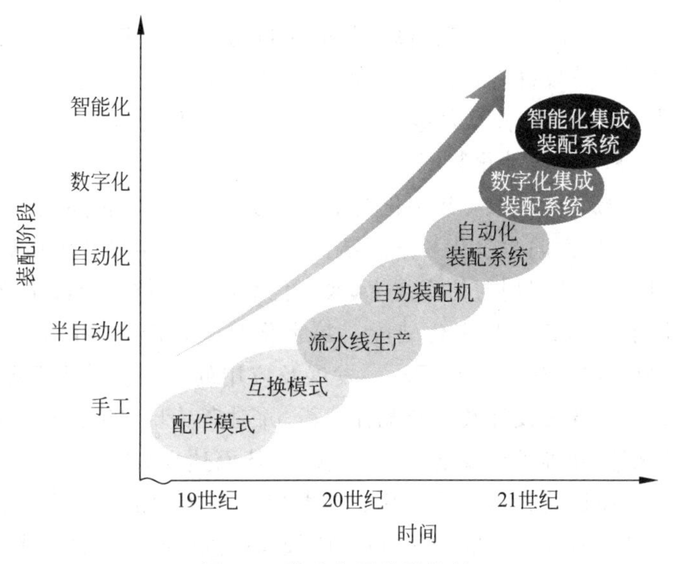


图1-7　装配发展阶段特征

**定义1-7**　手工装配：装配过程全部由操作人员手动完成的装配。

产品的整个装配过程，包括所有装配操作、物料运送、工位转换均由操作人员手动完成的装配称为手工装配。工业发展初期，生产规模还是单件生产，零件是为了能够与某些零件进行装配而专门进行加工的，同种零件之间不具有互换性。加工和装配往往没有分开，相互配合的零件实行“配作”。手工装配借助少量工夹具，如工作台、扳手、螺钉旋具等，依靠人的经验几乎能实现任何产品的装配，是最通用的方法。一方面，手工装配主要应用于单件小批量产品的装配，需要装配操作人员具有必要的素质和技能；另一方面，由于手工装配的随机性大，生产节拍不明显，难以对产品装配进度、技术状态及质量信息进行有效控制，生产率相对较低，劳动强度较大。

**定义1-8**　半自动化装配：产品装配过程大部分由自动化设备完成，部分由人工操作的装配。

产品装配过程中大部分装配操作、工位转换工作由自动化设备完成，部分上下料工作和装配工作由人工完成。伴随着大规模生产方式的发展，实现装配过程的自动化成为工业生产中迫切需要解决的问题。半自动装配主要应用于成批生产产品的装配，其装配过程一般在流水线上进行，采用专门的设备和工装完成针对确定结构产品的装配，生产效率高于人工装配，大大减轻或取代了特殊条件下的人工装配劳动，组织装配作业的任务变成了人与机器之间的合理分配，降低了劳动强度，在一定程度上提高了操作安全性。

**定义 1-9** 自动化装配：产品装配过程都是由自动化设备完成的装配。

产品装配过程的物料配送、装配操作、工位转换都是由自动化设备完成的，自动化设备完全替代了操作人员。自动化装配主要应用于大批量生产的产品装配，一方面，完全的自动化装配能够提高产品的质量与生产效率；另一方面，自动化装配的优势要得到充分发挥，需要和企业的生产状况相适应，不能盲目追求全自动化装配。目前我国汽车、电子等大量生产的产品，其装配基本是在移动流水线上进行，只有部分实现了全自动化装配。

**定义 1-10** 数字化装配：数字化技术与传统装配技术结合的装配。

数字化技术，如面向数字化装配的结构设计技术、数字量装配协调与容差分配技术、数字化装配工艺规划与仿真技术、数字化柔性定位技术及数字化测量技术等与传统装配技术的结合即数字化装配。数字化装配是产品装配技术与计算机技术、网络技术和管理科学的交叉、融合、发展及应用的结果。其主要基于产品数字样机开展产品协调方案设计及可装配性分析，并对产品装配工艺过程的装配顺序、装配路径及装配精度等进行规划、仿真和优化，从而达到有效提高产品装配质量和效率的目的。工业机器人技术的应用也是数字化装配中的核心重点之一，机器人装配能适应产品型号或结构的变化，可实施较大范围的产品族的装配，兼有柔性强和生产率高的优点。

**定义 1-11** 智能化装配：多智能学科和传统装配技术交叉融合的装配。

智能化装配涉及传感器、网络、自动化等先进技术，是控制、计算机、人工智能等多学科交叉融合的高新技术的实施。通过逐次构建智能化的装配单元、装配车间，基于信息物理融合系统，进行装配系统的智能感知、实时分析、自主决策和精准执行。当前智能制造作为新一轮工业革命的核心技术，正在引发制造业在发展理念、制造模式等方面重大而深刻的变革。智能化装配能够实现可控、可测、可视的科学装配，必将成为机械装配技术的战略高地，也是装配技术向更高阶段发展的必然产物。

以飞机装配发展为例，其将现有物料精益配送技术、机器人自动制孔技术、数字化测量技术等纳入脉动生产线，逐步实现手工业分散装配模式向自动化、智能化装配作业模式过渡，如洛克希德·马丁公司建成的 F-35 脉动式总装配线(图 1-8)。

飞机装配技术也经历了从人工装配、半数字化装配到数字化装配的发展历程。

图 1-8　F-35 脉动式总装配线

三个阶段的相关技术特征见表 1-2。自 20 世纪 80 年代以来，飞机装配逐步进入数字化时代，国外飞机装配技术开始迅猛发展，B787、A350、A380、A400M、F-22 和 F-35 等新型军、民用飞机大量地应用柔性装配工装、自动钻铆系统、数字化测量系统、数字化移动系统、离线编程和仿真软件等进行自动化装配，实现了飞机的高质量、高效率装配。飞机的数字化装配是飞机数字化研制技术从产品设计到零部件制造，进一步向部件装配和飞机总装配的延伸和发展过程，它使数字化研制技术真正完全地集成为一体，使数字化产品的数据能从研制工作的上游畅通地向下游传递，充分发挥了数字化研制技术的优点，大幅度减少了飞机装配所需的标准工装和生产工装。我国航空企业结合型号需求开展了壁板自动钻铆、大部件柔性对接等关键技术及装备的研究和应用，在数字化装配技术方面开展了有益的尝试和实验，但是对先进装配技术的研究还没有系统化，未形成飞机数字化装配模式和体系，基本上仍以数字量与模拟量结合的形式传递零部件的形状和尺寸，自动化程度较低，装配精度、质量稳定性、装配效率等很难满足要求。因此，深入研究飞机先进装配技术及装备有利于克服我国飞机制造中的薄弱环节，为我国飞机制造提供技术保障。

**表 1-2　飞机装配发展历程**

| 技术阶段 | 典型装配方法 | 典型装配工艺装备 | 装配效率 | 装配质量 |
|---|---|---|---|---|
| 人工装配 | ① 模拟量协调（借助模线、样板、样件等模拟量控制装配协调准确度）；<br>② 装配过程依靠大量二维图样和工艺文件 | 专用工装、刚性型架等 | 工人劳动强度大，效率较低 | 靠工人的装配经验保证装配质量，精度较差，产品寿命短 |

续表

| 技术阶段 | 典型装配方法 | 典型装配工艺装备 | 装配效率 | 装配质量 |
| --- | --- | --- | --- | --- |
| 半数字化装配 | 数字量与模拟量配合的协调(在模拟量协调的基础上出现部分借助数字化测量等技术的装配协调方法) | 专用工装配合数字化工装 | 工人劳动强度较人工装配阶段有所降低,效率也有所提高 | 装配精度及寿命较人工装配阶段有所提高 |
| 数字化装配 | ① 数字量协调(基于三维数模进行协调方案设计);<br>② 装配过程依靠三维数模及装配仿真、三维装配指令 | 数字化装配工装、柔性工装 | 工人劳动强度较低,效率较高 | 装配精度高,产品寿命长 |

随着经济、科技的不断进步和“工业 4.0”的到来,我国各个行业现代机械化程度和自动化程度得到不断提高,陆续自行设计、建立和引进了一些半自动、自动装配线及装配工序半自动装置。但是,由于我国在装配自动化技术方面的研究起步较晚,国内设计的半自动和自动装配线的自动化程度不高,装配速度和生产率较低,与发达国家相比还有一定的差距。装配自动化是实现装配数字化、智能化的基础,短期内,我国应该在研究与应用装配自动化技术的基础上,大力发展数字化技术、网络与通信技术、电子技术及人工智能技术等,致力于开发智能化集成装配系统,推进我国装配的数字化、智能化进程。未来随着人工智能、智能检测等技术的发展,产品装配有望实现从手工/经验式装配向自动化/智能化装配转变,并最终实现可控、可测、可视的高性能装配。

产品装配技术的研究现状、技术内涵及发展趋势

更多有关装配发展历史的知识可以扫描左侧二维码查阅。

## 1.3 产品装配的现状及发展趋势

### 1.3.1 产品装配的现状及需求分析

产品装配过程作为生产制造过程中资源流、计划流、物料流、质量流、信息流的汇集中心,是产品制造过程中的重要环节。目前,国内大量民营企业装配车间的同一生产周期、同一装配线可能会以不同的节拍同时承担不同产品的装配任务,这就需要复杂的调度及复杂而庞大的物料供给。此外,对于航空航天类产品而言,其本身结构的复杂性对于装配过程的柔性化及物料配送的准时性都有很高的要求。而在实际装配过程中,装配车间的信息化程度制约着设备、物料、人员直接的协同调配与物流实时跟踪和产品状态追溯,从而导致整个车间信息的不透明性和质量损失的不可预知性十分明显。

因此,对于我国广大制造业企业而言,迫切需要一种以信息通信技术、自动化技术与制造技术交叉融合作为技术基础,并以计算机硬件与软件、接口设备、相关协议和网络为手段,根据企业的实际需求,实现从车间底层到企业顶层的,包含装配生产任务的制定、下达、执行、调度及完成的全过程智能化改造,从而增强制造企业的综合竞争能力。具体表现如下。

1)装配生产计划的管控

随着客户对产品个性化需求程度的逐渐提高,解决好交货周期短、定制化程度高的问题是当前制造业企业发展的关键,对于产品装配过程而言,需要结合市场变化、客户需求,对整个装配车间的装配生产计划进行快速指定、实时下达和进度的有效管控。

2)装配生产物流的管控

在传统的大批量装配生产模式下,待装配的供给品大都分布于装配线的周围,车间物流运转迅速,易于调配处理。而对于装配工艺复杂、零部件众多的产品而言,必须采用更加标准化的物流供给方式和精益化物流管控手段才能满足复杂产品的装配需求,以避免造成物流混乱和时间、物料的浪费。

3)装配生产质量的管控

在产品装配生产过程中应实现对装配生产过程进行质量管控,对全装配过程中的质量检验信息、不合格信息进行实时采集与分析,实现产品质量的有效追溯,避免产品质量事故的发生。

4)装配生产过程中的制造资源管控

通过信息化手段实现对装配过程中大量设备、物料、人员等不同装配资源的有效管理和利用,进而实现对总装车间装配资源的优化配置,以及对设备运行状态、装配参数、能耗情况等多源信息的实时监控及其相关系统的网络化集成。

5)车间管理系统间的集成运行

为提高装配效率,实现产品高效有序的生产管理,应解决好设备信息、物流信息、质量信息、人员信息之间的集成与优化运行问题,实现企业间信息的快速传递、处理及应用,实现企业内部信息共享,消除"信息断层"和"信息孤岛"等现象。

### 1.3.2 装配的发展趋势

基于上述装配发展现状及实际生产过程中的需求,装配车间走智能化发展道路势在必行。近年来,中国的经济发展已由高速增长阶段逐步进入高质量发展阶段,政府更加关注优化经济结构、转换增长动力。最新中国产业研究院的研究报告《2020—2025年中国智能制造行业深度发展研究与"十四五"企业投资战略规划报告》中的数据显示,目前美国、德国、日本等工业发达国家在数控机床、测控仪表和自动化设备、工业机器人等方面具有多年的技术积累,优势明显,特别在高端装备方面差距尤为突出。近年来,在行业形势及国家政策的推动下,我国智能制造产业发展迅速，产值规模已达到15000亿元。当前，世界经济呈下行趋势，各国对于制造业发展越发重视，纷纷加快推动技术创新，促进制造业转型升级。因此，智能化、绿色化已成为制造业发展的主流方向，智能制造也将成为世界各国竞争的焦点。在智能制造模式下，装配车间将呈现集成化、网络化、协同化、标准化、绿色化、柔性化、智能化等特征。

1）集成化

智能装配车间融合了先进的智能技术、制造技术及管理技术，实现从总装生产过程中的生产制定、生产下达、生产执行、生产调度及生产完成的全过程集成管控。通过先进的信息采集手段，实现对总装车间中资源流、计划流、物流、质量流及信息流的有效采集和集成，从而增强企业对车间的管控能力。

2）网络化

智能化装配过程的实现需要充分利用物联网及其相应技术。通过车间无线传感网络，有效利用总装车间内部和外部（其他车间）的各种资源，为生产过程物流、信息和系统的集成提供必要条件。

3）协同化

智能装配模式的实现是总装车间装配生产过程与产品设计、企业经营管理等其他环节协同交互的过程，共同实现总装车间装配生产计划、物料、质量、工艺及装配资源的协同运作。

4）标准化

标准化是指智能制造模式的体系架构和功能的标准化、技术的标准化、实施过程及方法的标准化等。它用于规范和约束智能制造模式的建设，并通过执行标准和规范的方法，保证智能装配单元的有效集成性和柔性，提高智能化装配实施的成功率。

5）绿色化

智能装配模式是一种综合考虑资源效率的制造模式。它通过绿色工艺的执行、生产优化调度与控制，使资源消耗最少，环境影响最小。

6）柔性化

智能化装配车间以智能化、集成化、网络化和协同化等方式的共同作用，支持总装车间装配生产过程的柔性化目标，实现在多种产品装配生产情况下生产计划、生产进度、物流、质量和设备资源等的有效运转和控制，从而低成本、快速为用户提供满意的产品。

7）智能化

通过先进的信息采集、传输及信息处理技术，实现对装配车间全生命周期生产过程的智能管控，包括关键装配工序的异常预警及全方位的动态监控等。

装配车间智能制造模式的转型主要围绕用户对产品的多品种、个性化需求，围绕产品的高质量需求，融合先进的智能技术、制造技术及管理技术，快速分析捕获制造资源，以总装车间装配生产计划、物流、质量流、制造资源等为核心进行全过程跟踪、执行、优化、调度和有效控制，实现从装配任务的制定、下达、执行、调度及完成全生命周期的集成运行和智能化管控，从而快速响应市场，提升制造企业的生产制造能力和综合竞争能力。

### 1.3.3 智能装配的意义

在现阶段，智能装配方法逐渐应用于多种产品的研发，在相关工业品研制过程中，其具有重要的意义。

1）智能装配是装配技术发展的必然趋势

智能化装配是数字化、自动化装配向更高阶段发展的必然产物，是数字化技术、自动化技术、传感器技术及网络技术等学科交叉融合的高新技术发展的共同结果。技术的不断发展在带来了生产效率和生产能力大幅度提升的同时，也带来了不可避免的问题，当前我们所面对的信息量也是原有的生产模式无法比拟的，与信息量匹配的决策力同样是制约生产的重要因素，在现有的生产模式下，加工制造结果很大程度上依赖于决策者的水平，而在如今的物联网时代，随着信息量的增加和信息复杂程度的增加，仅仅依靠人的决策是难以实现的，尤其对于像飞机这类高端制造产品来说，在实现更加高效、精确化进程中，借助智能装备自感知、自适应、自诊断、自决策的特点与优势可以有效弥补主观决策带来的缺陷，能够更加高效地实现装配过程中的精确化、稳定性。

2）智能装配是提高产品核心竞争力的关键

随着互联网的深度应用，人类对信息技术的认知和创造呈现革命性的跃变，我们即将开启全新的智慧时代。云计算、大数据、物联网、移动互联等新一代信息技术大爆发，为人与物、物与物之间相互联系，构建远程管控、智能化网络提供了充分的保障。我们处在一个信息化变革的时代，世界各国纷纷应对新一轮科技革命和产业变革，积极布局和规划。“中国制造2025”战略计划指出要实现信息化与工业化的深度融合。抢占“智能”这一制高点，能够帮助我国实现制造业的追赶与超越，各类技术的发展核心最终归结于提高产品的核心竞争力，因而对产品性能提出了更高的要求，无论是对于更新换代越来越快的家电、汽车等民用制造业产品来说，还是对于飞机等以高性能为导向的高端制造业来说，装配作为各类制造业产品中重要的环节，智能制造必将带动产品性能迈向新的阶段。

3）智能装配是促进产业链升级转型的基石

目前，中国制造在国际市场上已不再具备价格优势，我国制造业需要加快升级转型，虽然装配在不同类型产品的加工生产过程中占据着不同的地位与时间比重，但毋庸置疑的是，装配性能的好坏直接决定着产品性能，甚至可以弥补生产加工的一定缺陷。在智能化已经成为必然的趋势下，实现装配的智能化在生产环节意义重大。家电与汽车类产业作为与消费者生活关系最为紧密的制造业，其升级与转型受到消费者群体变化和其他相关因素的影响。我国的家电产业作为最早市场化、最早对外开放的产业之一，多年的市场化竞争及与国际企业同台竞技，使得中国家电产业深入融入全球分工，嵌入了全球家电产业价值链，在国际舞台上时刻面临国际市场的高水准要求。而对于以飞机为代表的高端制造业来说，智能装配将直接带动各大装配装备及其他学科、技术的发展，推动智能仪器仪表、智能数控系统、机床等设备的升级转型；在生产环境方面智能装配必将推动制造过程向可持续化和绿色化发展。智能与工业的结合必将迸发出无限的活力。

关于更多智能装配的扩展资料可以扫描下方二维码自行阅读。

大型飞机自动化装配技术

中国互联网络信息中心官网

## 思考题

1. 试说明各种装配连接方法的特点及适用范围。
2. 查阅家电类产品的典型装配工艺装备并进行分类。
3. 你认为产品装配过程的智能化转型中有哪些制约因素？

## 参考文献

[1] WHITNEY D E. Mechanical assemblies[M]. New York：Oxford University Press，2004.
[2] 赵长发. 机械制造工艺学[M]. 哈尔滨：哈尔滨工程大学出版社，2002.
[3] 王云渤，张关康，冯宗律，等. 飞机装配工艺学[M]. 北京：国防工业出版社，1990.
[4] 范玉青. 现代飞机制造技术[M]. 北京：北京航空航天大学出版社，2001.
[5] 刘检华，孙清超，程晖，等. 产品装配技术的研究现状、技术内涵及发展趋势[J]. 机械工程学报，2018，54(11)：2-28.
[6] 陈继文，王琛，于复生，等. 机械自动化装配技术[M]. 北京：化学工业出版社，2019.

# 第2章

# 智能装配工艺与装备技术体系

智能制造是传统制造业转型升级,实现生产过程智能化、自动化、精密化、绿色化的必经之路。智能制造已成为制造业未来发展的全新驱动因素,世界主要工业国家都积极提出明确的政策与支持体系来应对制造业革新的浪潮,进一步推动智能制造技术与产业的发展。

智能装配的四大特征主要体现为智能感知、实时分析、自主决策、精准执行。智能装配是智能制造的重要组成部分,是数字化装配向更高阶段发展的必然产物。智能装配是将人工智能、网络与信息、自动化及传感器等先进技术应用于产品装配中,面向装配的产品设计、装配工艺设计、装配工艺方法及工艺装备、装配测量与检验及装配全生命周期管理等环节,通过知识表达与学习、信息感知与分析、智能决策与执行实现产品装配过程的智能感知、智能推理、智能决策、智能执行。智能装配的特征如图2-1所示。

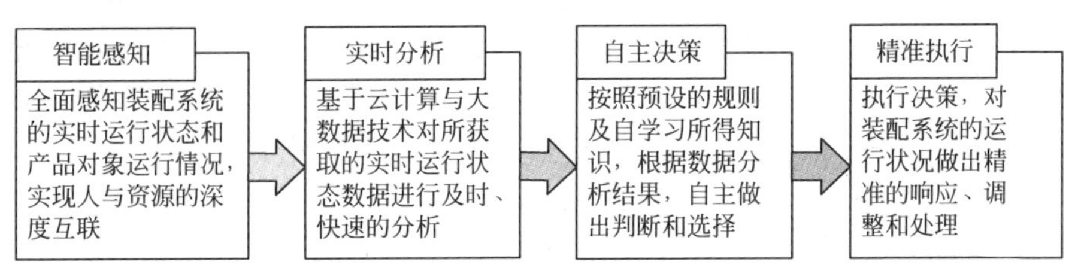


图2-1 智能装配特征

智能装配工艺与装备技术体系框架可总结为图2-2。其核心内容包含智能装配工艺设计、智能装配典型方法及关键装备、智能装配生产线3大部分。每个部分应用了涉及装配的关键基础技术与应用技术,智能装配能够使产品的设计、工艺、现场实施有机融合,实现产品质量和生产效率增益的质的飞跃。

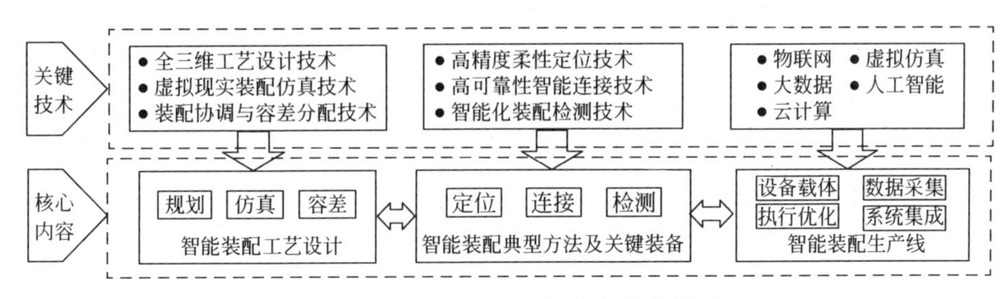


图2-2 智能装配工艺与装备技术体系

## 2.1 智能装配工艺设计

传统装配工艺基于二维图纸进行工艺设计与规划，产品设计、工艺设计和工装设计等串行进行，装配过程中一旦出现问题，便会导致返工，甚至零件报废等，装配成本高、效率低。而智能装配工艺是基于装配知识和模型的设计与规划，其核心内容包括：智能装配工艺规划，即将物联网、大数据、云计算、人工智能等技术引入装配工艺中，以实现工艺方案的快速设计与智能优化；智能装配仿真技术，即对装配过程中所涉及的人员、设备、工具、物料、在制品等多源信息进行自动采集和全面感知，并将多源异构数据经统一处理后传递至仿真模型，结合仿真模型与智能优化算法对产品装配过程进行智能规划、控制、调度和优化；装配容差分析，即建立容差分析模型，采用数字量传递的方法进行零部件及工装的制造，以保证产品装配的协调性，进而提高产品的装配质量。

### 2.1.1 智能装配工艺规划

装配工艺规划是影响产品装配质量和成本的重要因素，其主要目的是确定产品的最优装配方案。传统的装配工艺规划基于二维工程图纸，工艺设计人员及操作人员均需根据二维图样抽象三维装配，装配质量在很大程度上依靠相关人员的技术水平和工作经验，任何一个环节出现问题都会影响产品研制的进度与质量。而基于模型的数字化三维装配工艺规划实现了工艺信息与产品信息的紧密相连，便于工艺设计和指导工人操作，提高了产品的装配质量。在智能制造背景下，基于数字孪生技术的装配工艺规划应运而生，其实现了数字空间和物理空间装配数据和信息的“虚实融合”，通过“以虚控实”的手段对装配工艺方案进行了优化，进一步提高了装配准确度与装配效率。

**1. 基于 MBD 技术的产品装配工艺规划**

在数字化技术的推动下，目前形成了基于模型的产品数字化定义(model based definition，MBD)技术的数字化三维装配工艺规划，其特点是产品设计不再发放传统的二维图样，而是发放产品设计结构(engineering bill of material，EBOM)和三维设计数模，建立产品工艺结构(process bill of material，PBOM)，制定装配工艺协调方案，划分工艺分离面，并进行全流程装配工艺仿真，最终形成经过装配仿真验证的产品制造清单(manufacturing bill of material，MBOM)顶层结构，将此 MBOM 发放到下游的工装设计、专业制造和检验检测等部门，同时工艺部门完成详细的工艺设计并进行仿真验证，编制三维装配指令(assembly order，AO)。数字化三维装配工艺规划的主要内容如下。

1）装配分离面划分

数字化三维装配工艺规划是以设计三维模型和产品设计结构（EBOM）到产品制造清单（MBOM）的重构形式来实现的，目前可以通过大量的三维装配工艺设计系统（如 DELMIA 等）来实现。装配工艺分离面的划分除遵循传统的工艺分离面划分原则外，还要遵循以下规则：将柔性装配不同产品间的类似结构组件按相同的原则划分成分装配件；不同产品间结构区别大的部分应划分成单独的组合件；分离面的选取应考虑总装对合的便利性；不同产品分离面的划分应保证装配协调方式一致。

2）装配控制码（assembly control code）

装配控制码也称为区域控制码，最初的含义是指装配中不同工作地的控制代码，在工艺划分时称其为装配控制码，是零件需求生产计划和装配进度计划排产的重要依据。装配控制码的生成应符合以下规则：一个装配控制码对应装配树中的一个装配单元或一个生产站位；每个装配控制码可以表示该装配单元或站位所属的组织、装配层次及继承关系；装配控制码应符合自上而下的生成关系，并在工艺规划仿真验证后由工艺设计系统软件自动按规则生成。

3）装配工艺方案

装配工艺方案是以装配控制码为单元编写，并用来描述装配顺序、工艺装备和质量控制要求的制造工程文件，是编制装配工艺流程、装配工艺图解、操作与检验记录、硬件可变性控制 HVC，以及工艺装备技术条件的基础。

4）工艺布局

数字化工艺布局可借助装配仿真软件实现装配车间多维立体规划布局，建立包括厂房、工装、工具、设备、辅助资源等装配资源的数字模型知识库，按照装配工艺方案和精益装配过程对装配资源进行合理布置，保证装配工作顺利完成。

5）MBOM 构建与制造数据管理

在产品的生产制造过程中，设计物料清单 EBOM 是原始的输入。之后按照分工路线、工艺组合件的规划，配合工艺过程及制造资源逐步形成制造物料清单 MBOM。设计物料清单 EBOM 到制造物料清单 MBOM 的演变是产品制造不可或缺的过程。

相对于传统的装配，智能装配工艺规划以三维的形式生成现场作业指导文件，使得工人在生产现场可以以直观的形式准确无误地理解操作技术规范，从而使产品满足技术要求。在实际装配阶段，虽然使用了大量的数字化检测设备与装配工装设备，实现了对几何量的精准控制与调节，但是由于产品形变、工装设备定位误差等物理量的存在及其状态变化不断累积等原因，使得产品的实际装配状态与理论数值之间存在差异，基于理论模型的工艺仿真结果与实际现场情况不具有一致性，装配质量无法满足现代复杂产品高性能、高协调精度与长寿命等制造与使用要求。

### 2. 基于数字孪生技术的产品装配工艺规划

1）数字孪生的内涵

数字孪生(digital twin,DT)技术的出现为实现制造过程中物理世界与信息世界的实时互联与共融、实现产品全生命周期中多源异构数据的有效融合与管理,以及实现产品研制过程中各种活动的优化决策等提供了解决方案。“工业 4.0”术语编写组对数字孪生的定义是：利用先进建模和仿真工具构建的,覆盖产品全生命周期与价值链,从基础材料、设计、工艺、制造到使用维护的全部环节,集成并驱动以统一的模型为核心的产品设计、制造和保障的数字化数据流。数字孪生概念框架如图 2-3 所示。

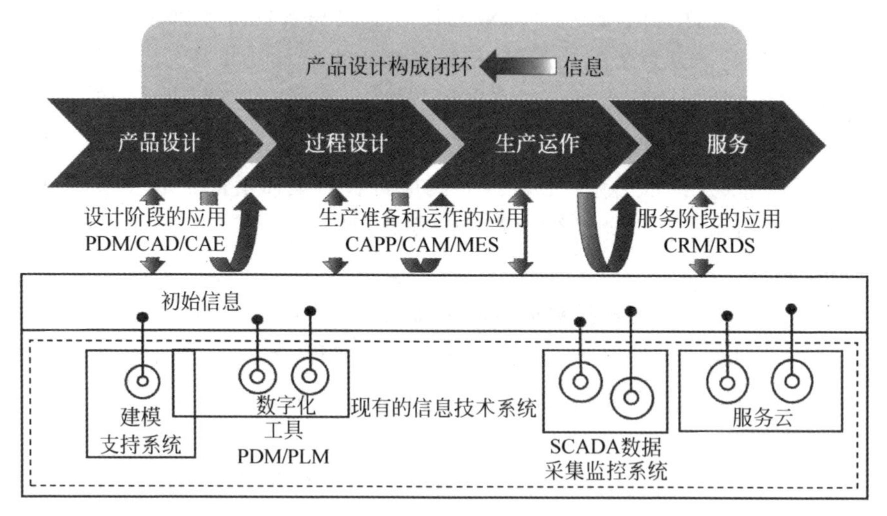


图 2-3 数字孪生概念框架

2）数字孪生驱动的产品装配工艺规划

数字孪生驱动的装配过程是基于集成所有装备的物联网,实现装配过程物理世界与信息世界的深度融合,通过智能化软件服务平台及工具,实现对零部件、装备和装配过程的精准控制,通过对复杂产品的装配过程进行统一高效地管控,实现产品装配系统的自组织、自适应和动态响应,具体的实现方式如图 2-4 所示。

基于数字孪生的产品装配工艺规划流程包括：

(1) 将产品三维设计模型、结构件实测状态数据作为工艺设计输入,进行装配序列规划、装配路径规划、激光投影规划、装配流程仿真等预装配操作,推理生成面向最小修配量的装配序列方案,将修配任务与装配序列进行合理协调。

(2) 生成的装配工艺文件经工艺审批后下放至现场装配车间,通过车间电子看板指导装配工人进行实际装配操作,并在实际装配前对初始零部件的状态进行修整。

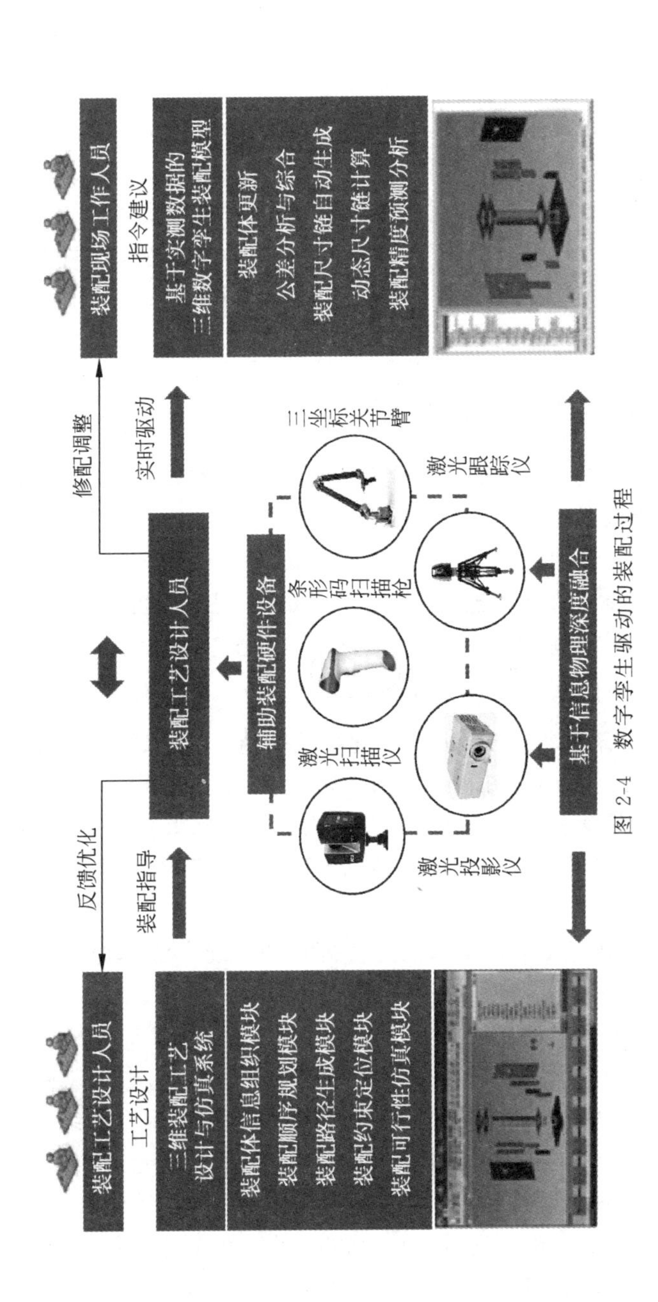


图 2-4　数字孪生驱动的装配过程

(3) 在现场装配智能化硬件设备的协助下,激光投影仪设备(组)可高效准确地实现产品现场装配活动的激光投影。为避免错装漏装,提高一次装配成功率,激光跟踪仪可采集产品现场装配过程的偏差值,并实时将装配过程偏差值反馈至工艺设计端,经装配偏差分析与装配精度预测,给出现场装调方案,实现装配工艺的优化调整与再指导,高质量地完成产品装配任务。

通过建立三维装配孪生模型,引入了装配现场实测数据,可基于实测模型实时、高保真地模拟装配现场及装配过程,并根据实际执行情况、装配效果和检验结果,实时准确地给出修配建议和优化的装配方法,为实现复杂产品科学装配和装配质量预测提供了有效途径。数字孪生驱动的智能装配技术将实现产品现场装配过程的虚拟信息世界和实际物理世界之间的交互与共融,构建复杂产品装配过程的信息物理融合系统,如图 2-5 所示。

### 2.1.2 智能装配仿真技术

装配仿真技术是在推进航空数字化背景下提出的,应用装配仿真技术能够在产品设计阶段消除潜在的装配缺陷,提前发现并解决装配过程中的各种问题。在产品装配过程中充分利用上游三维 CAD 数据,保持飞机产品设计数据的一致性,实现工艺设计的继承性、规范性、标准化和最优化,进而缩短产品研制周期,降低研制成本,提高产品装配质量。

**1. 装配仿真的相关概念与原理**

**定义 2-1** 数字化预装配:在数字化样机基础上的仿真装配过程。

数字化预装配是设计部门在数字化样机基础上进行的几何样机级的仿真,主要针对飞机设计的合理性进行仿真。其主要目的是对装配的几何约束、干涉问题进行检验,验证飞机结构设计的协调性、合理性和可维护性,是产品设计工作的组成部分。

**定义 2-2** 装配仿真:基于产品工艺模型和装配资源模型的操作和工艺流程仿真。

装配仿真是工艺部门在产品工艺模型(添加了工艺信息的产品数字模型)和装配资源模型的基础上进行的操作方法和工艺流程的仿真,也可以称为装配工艺过程仿真,其涵盖了从单个装配单元的装配过程、流程时间到生产线物流变化的整个产品的装配生产过程。装配过程仿真是一种更复杂、更接近现实的仿真。

**定义 2-3** 沉浸式装配仿真:基于虚拟环境的装配过程仿真。

飞机装配里的 AR

沉浸式装配仿真是将装配过程仿真以沉浸的方式展示在人们眼前,使操作者仿佛身临其境,可以在虚拟的环境中分析产品的装配流程及其可行性与合理性,这种方式更便于各专业人员在一起讨论产品设计与装配方案。读者可以扫描左侧二维码了解飞机的沉浸式装配仿真。

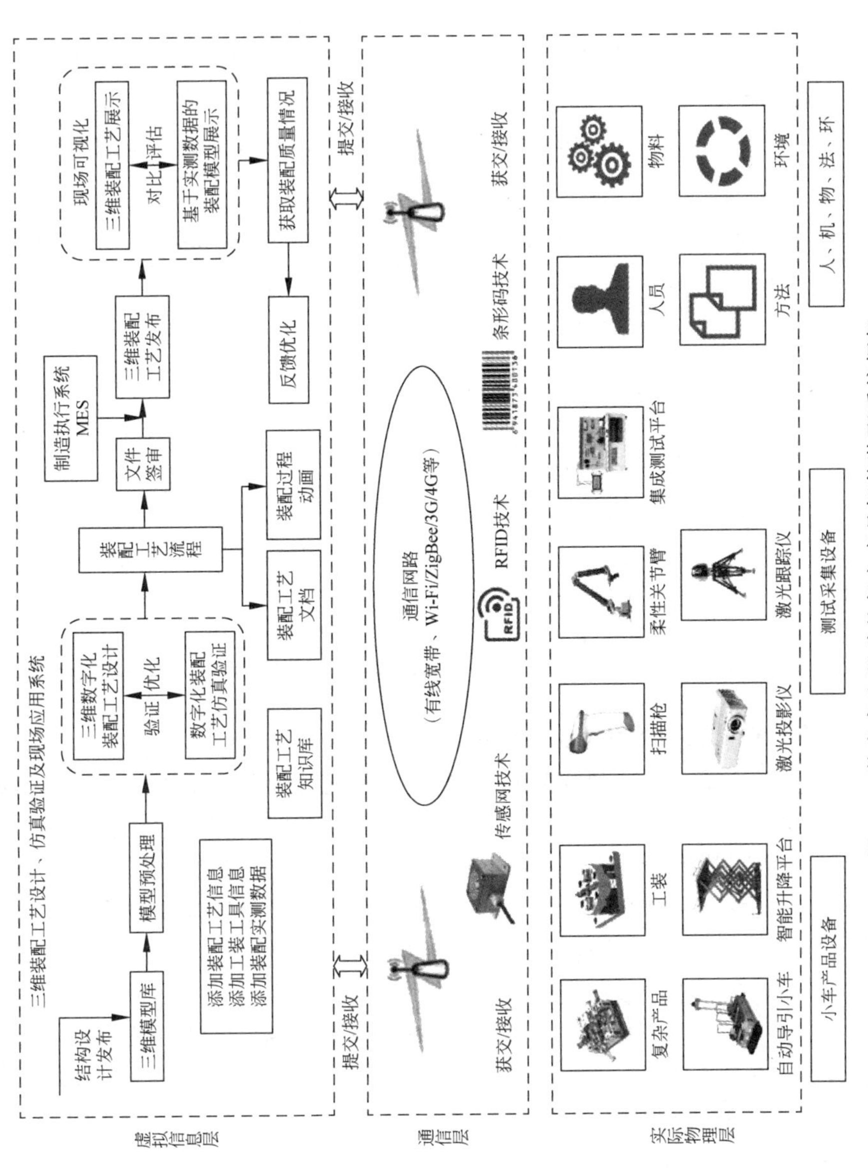


图 2-5　数字孪生驱动的复杂产品智能装配系统框架

由上述可知，制造过程的装配仿真与数字化预装配的主要区别就在于装配仿真充分考虑了工装、工具、辅助设备等资源与环境因素，不仅考虑到装配过程的可行性，更注重人机工效和工作舒适度，结合人机工效评估结果对工艺方法、工装结构和生产线布局等进行修改和优化，以达到降低生产成本，缩短研制周期的目的。数字化预装配解决了产品本身的干涉问题，而制造过程的装配仿真解决的是制造过程中所遇到的装配干涉问题；数字化预装配使用产品模型，装配仿真使用工艺模型；数字化预装配用产品三维设计软件实现，装配仿真需要用专业的仿真软件进行。而沉浸式装配仿真是装配仿真的另一种表现形式，解决的是真实感问题。三者的主要区别见表 2-1。

**表 2-1　数字化预装配、装配仿真及沉浸式装配仿真的对比关系**

| 装配仿真技术 | 验证目标 | 人员 | 验证对象 | 影响因素 |
|---|---|---|---|---|
| 数字化预装配 | 产品设计的合理性、产品功能和性能，产品设计理论外形和结构的合理性 | 设计 | 产品模型（几何样机） | 装配的几何约束 |
| 装配仿真 | 产品设计、资源设计、装配工艺设计、人机工效、装配生产线布局的可行性和方便性 | 工艺 | 工艺模型（工艺样机） | 装配的几何约束、资源环境因素、人机工效评估 |
| 沉浸式装配仿真 | 各系统分布的合理性，各系统装配顺序的合理性、维护的可行性与便捷性 | 设计、工艺 | 产品模型（几何样机）、工艺模型（工艺样机） | 装配的几何约束、资源环境因素、人机工效评估 |

**2. 基于三维模型的数字化装配仿真技术**

产品装配涉及诸多零件和复杂的结构，合理和充分地利用基于三维模型的数字化装配仿真技术可以实现从零件到组件，从组件、部件到成品的全过程仿真，有助于及时发现产品零部件在设计、装配中出现的设计缺陷和结构问题，从质量上保证了产品装配的科学化和合理化。基于三维模型的数字化装配仿真技术没有实物生产，保证了装配的效率和效益，对产品装配具有深远的价值，也正因为如此该技术已成为产品装配过程中数字化技术体系中的关键组成部分。

围绕基于三维模型的数字化装配仿真技术研发了常用的装配仿真软件，如 CATIA、PRO/E、UG 等，该技术应用于产品装配的要点主要包括装配干涉仿真、装配顺序仿真、人机工程仿真、虚拟数字化工厂仿真等。

1）装配干涉的仿真

在虚拟环境中，依据设计好的装配工艺流程，通过对每个零件、成品和组件的移动、定位、夹紧和装配过程等进行产品与产品、产品与工装的干涉检查，当系统发现存在干涉情况时进行报警，并显示出干涉区域和干涉量，以帮助工艺设计人员查找和分析干涉原因。在该项检查中，零件沿着模拟装配路径移动，在此过程中，检查零件的几何要素是否与周边环境发生碰撞。在三维环境下，这是一项非常直观的检查手段。

2）装配顺序的仿真

在装配顺序设计过程中，通常是按先内后外的原则设计的，但实际装配时可能出现零件无法实现装配的情况，此时必须调整相关零件的装配顺序。在虚拟环境中，用户可依据设计好的装配工艺流程，对产品的装配过程和拆卸过程进行三维动态仿真，验证每个零件按设计的工艺顺序是否能够无阻碍地完成装配，以发现工艺设计过程中装配顺序设计的错误。装配顺序的仿真如图 2-6 所示。

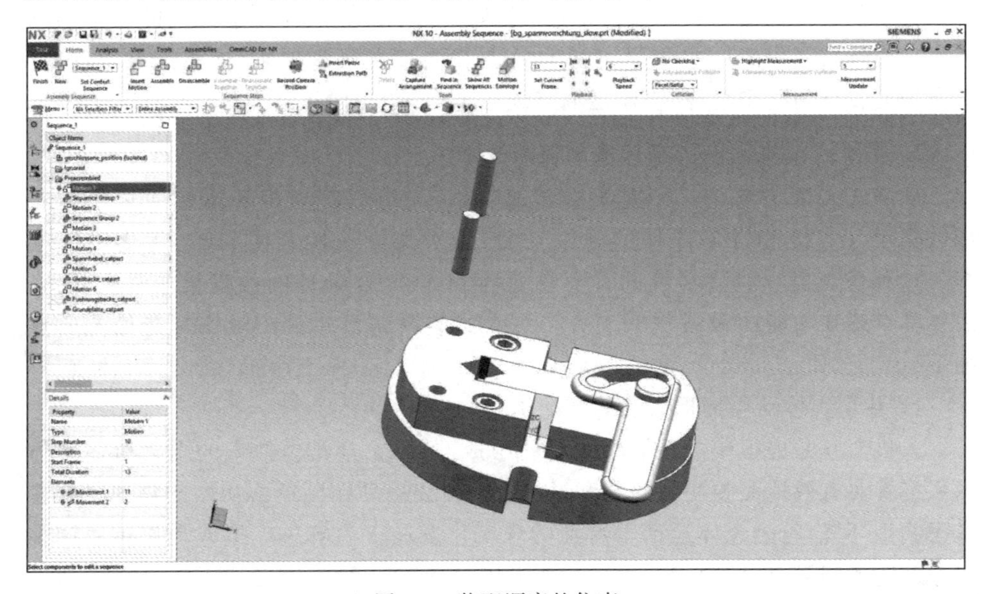

图 2-6　装配顺序的仿真

3）人机工程的仿真

利用基于三维模型的数字化装配仿真技术可以在产品结构和工程结构环境中将标准人体的三维模型放入虚拟装配环境中（图 2-7），按照工艺流程进行装配，对工人的工作特性进行分析，针对零件的装配，可对工人的可视性、可达性、可操作性、舒适性和安全性等进行分析。

（1）可视性，分析工人是否能够看得见，可见范围有多大，是否影响操作。

（2）可达性，分析工人的肢体是否能够到达装配位置。

（3）可操作性，分析空间大小或零件重量是否便于工人操作。

图 2-7　人机工程的仿真

(4) 舒适性,分析工人承受的负荷及操作时间(次数)是否容易使工人疲劳。

(5) 安全性,分析工人的操作位置是否安全,以及是否需要增加防护设施等。

4) 可视化装配与人员培训

以上装配过程的三维数字化仿真文件(或制作成的视频文件)可以在生产现场指导工人对飞机进行装配,帮助工人直观地了解装配的全过程,实现可视化装配,也可用于相关人员的上岗前培训。

5) 虚拟数字化工厂仿真

该仿真是在工厂三维工艺布局中,添加产品及工人模型,按照已经设计好的装配工艺流程进行包括产品、物料、工具、流程及操作者等全部资源在内的三维动态仿真。通过数字化工厂仿真,可使车间布局满足工艺规划要求,使生产能力均衡、生产场地和空间利用合理、物流运输路线最短且最方便等。

**3. 基于虚拟现实的沉浸式装配仿真技术**

沉浸式装配仿真是一种虚实结合的仿真,人可以在虚拟环境中通过数据衣和数据手套直接进行零部件的虚拟安装,分析其可达性和便利性,优化设计方案。这种仿真需要具有环境的真实感,因此不但需要处理的数据量非常大,而且需要具有感知功能的设备作为支撑。沉浸式装配仿真达到广泛实际应用的要点如下。

1) 基于人体动作捕捉系统的装配仿真

人机交互是虚拟装配系统中重要的组成部分,尤其是虚拟人的引入可使得仿真系统真实有效地反映实际的装配过程。人体姿态动作已经由初始的理想化向着考虑物理环境、符合人体运动学特征的现实化发展。为解决虚拟人动作难以调整和非实时的问题,许多公司开发了一些人体动作捕捉系统,代表产品有 MVN 惯性动作捕捉系统、ART 系统。如图 2-8 所示,这些人体动作捕捉系统可以与装配仿真软件进行集成,搭建沉浸式虚拟现实平台,实现人体姿态的采集和驱动,为设计者提供一条与“电子样机”进行可视化交互的途径,从而解决仿真过程中虚拟仿真人体姿态调整效率低的问题。

人体动作捕捉从实现原理上可分为惯性捕捉(图 2-9)和光学捕捉两类。惯性捕捉系统主要是采用惯性传感器采集人体各关节的自由度数据并计算出人体姿态动作,其优点是跟踪范围大,缺点是无法处理离地动作,比如爬楼梯、跳跃等。光学捕捉系统是采用多个红外相机采集人体反射的红外光信号来计算人体的动作姿态,人体动作的交互采用人机交互工具实现,摄像头预先布置在虚拟交互场内,通过工业以太网连接到人机交互主机,具有精度高的优点,缺点是容易被遮挡,跟踪区域比较小。

2) 交互设备与虚拟装配仿真系统的集成

虚拟现实的沉浸式体验可以提高体验空间关系,以及分析、设计和管理这类关系的应用程序的价值,使需要浏览或仔细检查三维信息的项目从虚拟现实技术中

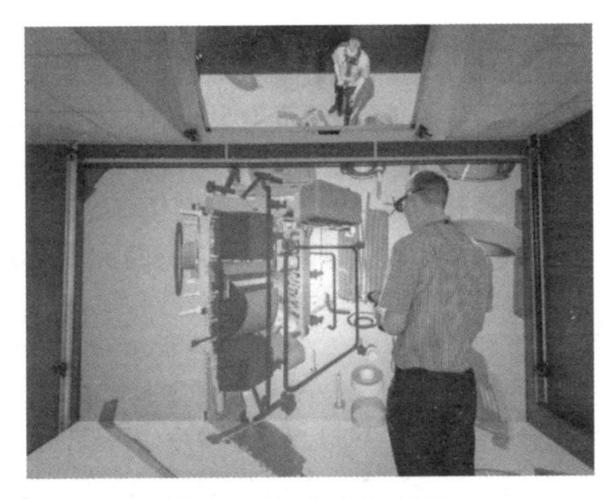

图 2-8 虚拟仿真交互环境

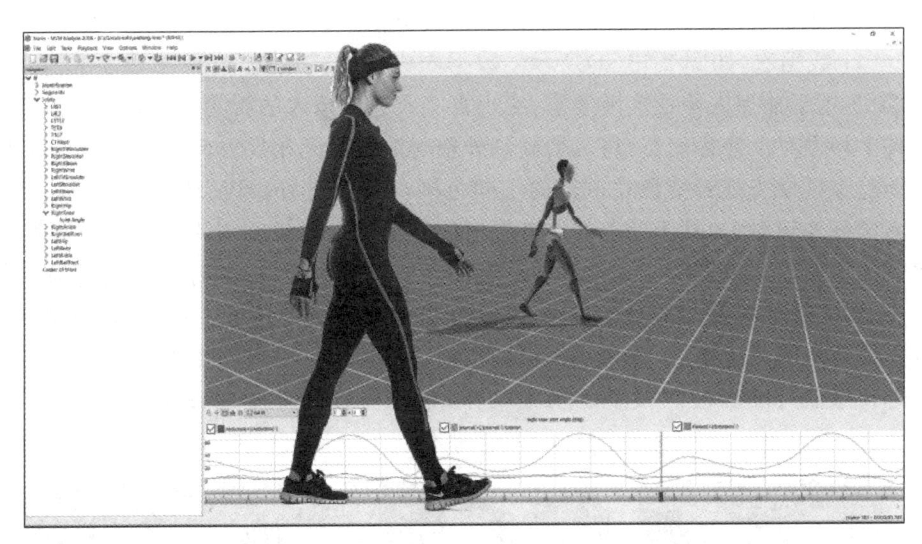

图 2-9 惯性捕捉

获益。在航空航天领域使用的三维 CAD 软件对虚拟现实技术提供了支持，提供了众多可用的工具和配置，可以实时浏览和处理 CAD 数据，并且提供一定程度的沉浸式体验。沉浸式体验的设备主要有视觉显示设备和影像显示设备，这些设备以不同的方式与虚拟系统集成，支持虚拟现实的沉浸式体验。

(1) 立体场景查看工具，如图 2-10(a)所示。部分仿真软件内置了三维图像立体视场查看功能，可以通过主动或被动立体模式实现立体场景查看。在有源立体图像显示系统中，左眼和右眼图像以两倍于刷新频率的速度交替显示在屏幕上，需要一对带有两个快门的有源眼镜与这些图像同步工作。同步工作通常使用红外线发射器来实现，当显示右眼图像时，左眼快门关闭，反之亦然。在无源立体图像显示系统中，左眼和右眼图像同时显示在屏幕上。图像分离通过过滤眼镜(如偏光镜)来执行。

(2) 头戴式显示器,如图 2-10(b)所示。头戴式显示器能够提供更加良好的沉浸式体验。它配备了定位跟踪功能,可以基于头部的位置显示输出图像。要使用头戴式显示器,必须具备的设备是分别计算左眼和右眼图像的图像生成器(图形工作站)或有源/无源立体图像转换器。转换器允许在任何支持有源立体视觉的平台上使用头戴式显示器。除了头戴式显示器外,还可以将标准操纵杆添加到虚拟现实配置中,以提供在电子样机中轻松导航的方法。

(3) 投影台[图 2-10(c)]、投影墙、CAVE(cave automatic virtal environment)系统。电子样机由广泛的投影系统支持,包括单屏幕投影台、多投影机和多边式投影室(如多通道环幕投影系统或 CAVE)。高分辨率、高沉浸感的特性使这些系统非常适合电子样机审查或大型装配和设备的设计。在这类环境中利用跟踪器和数据手套可以获得更好的体验,其中头部跟踪根据精确的用户视点提供三维图像,而通过手部跟踪可以实现与电子样机的沉浸式交互。

(4) 数据衣,如图 2-10(d)所示。数据衣为分体式结构,穿戴于现实人身体的各部位,用于捕捉人体的实际姿态,实现真实人与虚拟人的行为统一。数据衣每个部件上均设有反光标记球,将入射的红外辐射波反射到相反方向更狭窄的角度中。智能追踪摄像头视野能覆盖一定的空间范围,在该范围内可侦测到标记点上反射回来的红外辐射,并基于获取的红外辐射信号创建一幅灰度图片。在整个过程中,摄像头根据模式识别的方式计算标记点的高精度二维坐标,坐标平均精度为 0.04 像素,将二维数据发回控制主机,主机根据摄像头视野范围的共有部分,计算出红外射线交点的三维坐标,即为目标点的空间位置坐标。手部动作采用数据手套,其内部传感器可准确检测人手的精细动作,指导仿真软件中的虚拟人完成相应的动作。

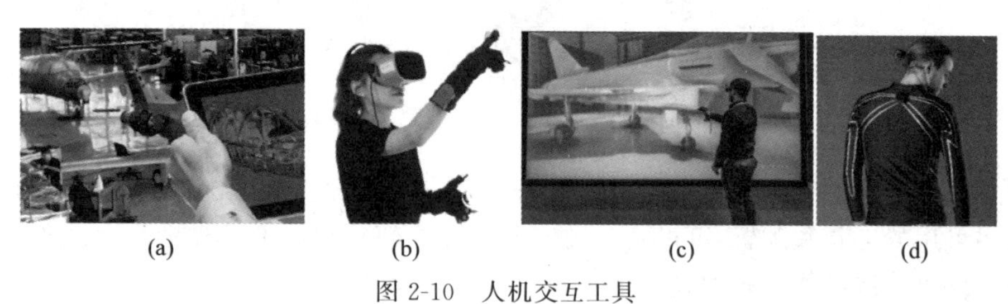

(a) (b) (c) (d)

图 2-10 人机交互工具

(a) 立体场景查看工具;(b) 头戴式显示器;(c) 投影台;(d) 数据衣

### 2.1.3 装配容差分析

#### 1. 相关定义

计算机容差技术(computer aided translation,CAT)是产品生命周期的重要环节,它不仅有利于产品生产过程中数据流的一致性表示与处理,还对产品的质量控制过程提供了量化与系统的分析方法。公差几乎贯穿于产品的全生命周期，在设计阶段需要根据公差信息预测产品的精度，以设计出符合要求的产品；在制造阶段需要根据公差信息制定详细的加工方案，以加工出符合要求的零件；在检测阶段需要根据公差信息提取具体的测量信息，以评定实际产品的功能与质量；由于公差的这种特性，在产品信息流的统一化过程中，CAT 是 CAD/CAM 集成的关键，它的发展严重制约着这种集成化的进程。

与此同时，产品的装配质量、功能需求等是产品的重要功能指标，CAT 对它们的预测、控制及管理等提供了分析与综合的方法，这两种方法相辅相成、共同发挥作用，不仅能够使产品达到规定的质量和成本要求，还能够辅助开发人员设计出最优化功能配置的产品。对于大批量复杂产品的装配过程而言，容差分析与优化是提高产品装配质量的有效方法，下面先介绍几个概念。

**定义 2-4**　容差：描述几何形状和尺寸变动基准、变动方向和变动量的精度特征。

**定义 2-5**　公差：允许的几何形状和尺寸的变动量。

**定义 2-6**　公差建模：关于公差的语义信息的合理解释。

公差建模是指对公差标准中的所有公差类型、定义，以及相关的复合公差、公差原则、基准优先次序等全部语义信息做出合理并且正确的解释。

**定义 2-7**　容差分析：求解装配成功率或闭环尺寸公差的过程。

容差分析，又叫容差验证，即已知装配零、部件的公差，在装配过程中，因装配件的误差累积，在一定的技术条件下，分析求解装配成功率或闭环尺寸公差的过程，计算结果若达不到设计要求，需要调整各组成环的容差重新计算。

**定义 2-8**　关键装配特性：零部件装配过程中配合部位对装配质量影响最大的几何特征。

关键装配特性是飞机制造中关键特性的一类，是装配工艺部门需要特别关注的质量特性。该特性的波动会显著影响产品装配的准确度。关键装配特性超出规定要求将会严重影响产品的装配质量，甚至出现产品无法装配的现象。

**2. 技术应用**

目前，一些企业将关键特性控制与容差分析相结合进行产品质量控制规划，事先采取相应的措施优化工艺方法，提高工艺能力。在进入产品研制过程的详细设计阶段时，容差分析技术应分层次应用于产品设计的全过程。传统容差分析技术主要依靠工艺人员的知识和经验，在二维图纸上根据相关行业标准、技术条件、控制性文件和规定性文件等采用概率法进行容差的分析核算，这种模式最大的弊端为：在产品装配的最后环节出现超差较多，需要通过大量返工与修正容差来优化产品设计，大大影响了项目研制的进度与产品质量，制约了以飞机等为代表的大型复杂产品的设计与制造水平的提升。

基于 MBD 的容差分析技术、基于设计人员对产品功能的定义，工艺人员对装配流程、装配单元、装配顺序的工艺规划，借助先进容差分析软件，对产品进行各层级容差仿真建模分析，并将仿真结果反馈至三维模型的标注中，建立从零件到整机的基准与尺寸公差体系，为检验与制造部门提供唯一的数据集，这种模式是飞机研制中设计与制造交互的过程，将设计需要达到的功能与性能要求、制造能力与制造成本紧密联系，相互反馈。这种模式最大的优势为：避免在实物装配的最后环节出现质量问题，可合理预判装配结果，并能通过影响因素的分析，平衡各零件工作面的制造精度要求，合理控制制造成本，大大提高了产品设计与制造的水平。

基于 MBD 技术带来的仿真分析的便利，根据产品总体参数、功能、性能要求，使用容差仿真分析技术，结合装配工艺方案及制造加工能力，反复迭代分析，制定出一套制造能力可行、装配方案较优、满足设计要求的界面容差分配方案及装配工艺方案。将此界面的控制要素按装配单元逐层建立容差仿真模型进行分析，分解至最底层零件的公差要求。最终形成一套产品零件、组件公差数据集，制定出一套较优的装配工艺方案。

以飞机产品为例，其装配过程中所使用的基于 MBD 的容差分析技术应用流程见图 2-11。

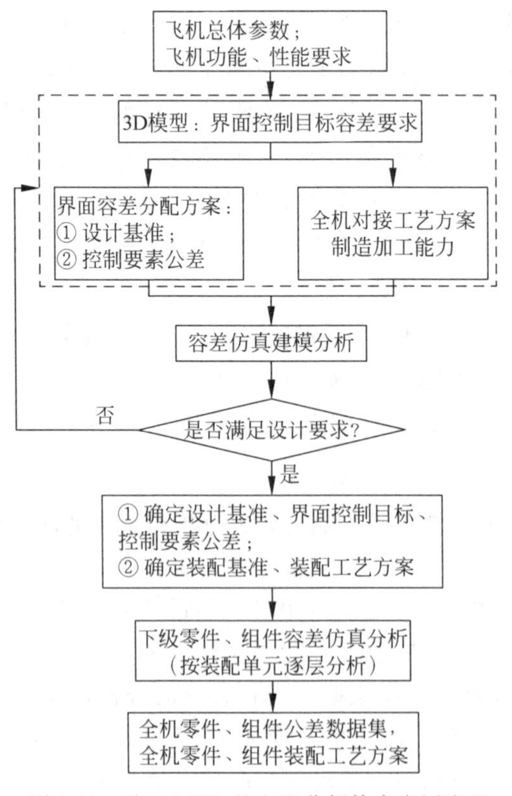


图 2-11 基于 MBD 的容差分析技术应用流程

CAT 的相关技术和理论已经相当成熟，但是仍然存在一些技术瓶颈需要突破和解决。现有的模型虽然能够实现公差语义信息的解释、公差类型的生成和验证、公差转移与分析等全方位功能，但是这些模型在完整性上依然比较欠缺，没有实现真正意义上的全面性，有待进一步改善和升级。例如，在现阶段，很难有一个模型既能够表示标准中所有类型的公差及其公差域，又能够解释标准中所有的公差语义信息；一些模型可以表示很多类型的公差，但是对语义信息的解释则显得比较薄弱，而另一些模型可以解释非常多的语义信息，但是能够表示的公差类型则有限。

从公差分配到公差成本优化：综合文献综述

关于三维容差模型的建立及容差智能分析方法等相关内容将在后续的章节中做进一步介绍，读者可以扫描右侧二维码进行拓展阅读。

# 2.2　智能装配典型方法及关键装备

在“互联网＋”的发展趋势下，随着“中国制造 2025”的推进实施，智能制造将成为中国工业未来发展的趋势，智能化工厂成为传统制造企业转型升级的主要突破方向。智能化工厂依托各类智能化装备与先进的管理方式，智能化系统与装备基本涵盖了数字化设计制造技术、信息化技术、自动控制技术、精确制造技术、数字化检测技术、系统集成技术等。国内技术基础较为薄弱，加之国外对关键技术的封锁，是我们亟须突破的关键领域。

装配过程的智能化主要体现在 3 个方面：一是实现生产作业手段的智能化；二是装配过程中的智能化控制；三是检测分析诊断过程的智能化。本节内容将以飞机装配过程中的定位、连接与检测阶段为分类依据，简要概述智能化装配过程中的工艺装备功能及应用，具体介绍见第 4 章。

## 2.2.1　智能定位方法及关键装备

传统装配的定位方法主要依靠模拟量协调，这种定位方法保证了零部件之间较高的协调准确度，但也存在以下缺点：

(1) 其定位基准为刚性定位基准，部件被定位后不能移动，即使定位误差超差也无法进行调整。

(2) 在定位过程中所加载的力可能造成部件带应力装配，导致部件变形。

(3) 部件定位主要依赖于工装设备的协调精度和操作工人的技术水平。

目前，缩短制造周期、提高制造质量、降低生产成本、增强市场应变能力已成为工业界普遍关注和研究的重大课题。随着计算机技术、信息技术、自动化技术和制造技术的蓬勃发展，数字化和智能化已经成为制造业新的发展方向。智能装配定位技术是随着产品研制过程的数字化发展而逐渐出现的。其主要思想是在产品 CAD 模型数据的基础上，借助先进的装配定位装置或测量设备，依靠数字化控制技术，按照特定的位置关系，将待装配的零部件及工装夹具等准确地放置到装配工装或相应的零部件上。综上所述，智能定位过程是以数字量为定位基准，定位过程由计算机数字化控制，在装配过程中使用数字量传递定位信息的定位过程。

目前常见的装配智能定位方法主要依赖测量的定位方法，按照测量方式的不同可以分为非接触式测量定位方法和接触式测量定位方法两种。

### 1. 非接触式测量定位方法

非接触式测量定位方法就是采用非接触测量技术来完成复杂产品或装配工装在装配过程中定位的方法。它是在非接触式测量法的基础上发展而成的一种装配定位方法。其中，非接触式测量是一种以光电、电磁等技术为基础，在不接触被测物体表面的情况下，得到物体表面参数信息的测量方法。采用非接触式测量定位方法时，要求装配对象本身在装配过程中遵循数字量传递规则。目前，在复杂产品装配过程中常见的非接触式测量定位方法是红外脉冲激光定位法和激光干涉定位法。

红外脉冲激光定位法是指在装配过程中，利用红外脉冲激光来完成零部件或工装定位的方法。目前在欧美发达国家，红外脉冲激光定位法主要表现在其大量的应用室内 GPS(iGPS)系统实现的装配定位法。整个工作区域内的每一个角落都被来自激光发射器发出的脉冲激光所覆盖，因而工作区域内任何一个位置或点能够被实时监控。装配零部件可以在连续状态下，得到精确的位置测量和实时监控。

激光干涉定位法是指在装配过程中，利用激光光栅系统进行测量来完成零部件或工装定位的方法。其可以用于对某一点位的精准测量。

### 2. 接触式测量定位方法

与非接触式测量定位方法一样，接触式测量定位方法也是测量定位方法中的一种主要方法。装配过程中的接触式测量定位方法就是采用接触测量技术来完成产品或装配工装在装配过程中定位的方法。在装配过程中采用接触式测量定位方法时，要求装配对象本身在装配过程中遵循数字量传递规则。目前，在复杂产品装配过程中常见的接触式测量定位方法是激光跟踪测量定位法。

激光跟踪测量定位法是一种在装配过程中，利用激光跟踪测量技术对待装配的零件或工装上的关键特性点进行定位的方法。在实际的装配生产中较为常用的测量定位仪器是激光跟踪仪。通常将激光跟踪测量系统的靶球放置到关键特性点上，通过激光反射来测量零件或工装上关键特性点的位置，与理论位置做比较，从而完成对零部件或工装的定位过程。由于激光跟踪定位测量系统可以通过以太网与系统计算机相连，由激光跟踪定位系统测量装配部件装夹后的一些基准点，获得的测量数据经过处理单元处理后，直接反馈到系统计算机，计算机再对实际装配位置与精确数学模型的位置进行比较，以获得部件装配位置的修正值。所以该方法广泛应用于工装定位、部件装配定位及总装定位过程中。

### 2.2.2 智能连接方法及关键装备

在智能化工厂中，自动钻铆技术是实现各部件之间配合与连接的重要手段，自动钻铆是工件在铆接机上自动完成工件定位夹紧、钻孔、锪窝、送钉、压铆、铣平钉头(指无头铆钉)、松开夹紧等一系列工序，铆接完成一个铆钉后自动定位至下一个铆钉位置。配备机器视觉的多功能、多目标智能装配装备首先可以找到目标的各类特征，并自动确定目标的外形特征和准确位置，进一步利用自动执行装置完成装配，实现对产品质量的有效控制，同时增加生产装配过程的柔性、可靠性与稳定性，提升生产制造效率。除具备机器视觉的智能化钻铆机器人与机器人系统外，托架式自动钻铆系统、立柱式自动钻铆系统等构成的自动钻铆系统同样组成了产品自动化、智能化连接过程中的关键装备。

托架式自动钻铆系统主要包括大型托架系统、大型移动工作台系统、运动执行机构、自动钻铆机及其控制系统。根据自动钻铆机形状的不同，大体上可分为 C 型自动钻铆系统和 D 型自动钻铆系统。当铆接很宽的板件时，可采用刚性较好的立柱式自动钻铆系统，与托架式自动钻铆系统的结构不同，其主要由一个倒 U 型轭架、立柱式型架、导轨和带有钻铆系统的加工中心构成。以上机器人系统及自动钻铆系统的组成与应用将在第 4 章详细介绍。

### 2.2.3 智能检测方法及关键装备

为提高装配质量，确保装配精度，利用先进的检测方法和设备进行装配过程控制，使产品的最终几何特征达到设计要求是现代飞机装配的重要环节。装配生产环节离不开智能检测技术与设备的支撑与保障。智能检测设备的应用能够使得装配过程实现闭环控制，使装配准确度得到不断提高。

飞机、汽车等复杂产品几何特征的多样性、装配流程的复杂性及装配协调与准确度的要求，使得装配检测具有多种需求。面向不同的检测对象和检测需求，可将检测方法分为空间点位检测和复杂结构形貌检测两类。

#### 1. 空间点位检测及装备

在装配过程中，空间点位检测往往用于零部件之间相互位置确定的定位过程，或总装过程中大部件对接时对控制点位进行实时测量。如果采用零部件的结构特征(主要结构件的 K 孔、交点孔、叉耳端面等)进行定位，就要准确确定这一特征的空间点位，以此来保证零件处于准确的空间位置；也可以在组合件上安装光学目标件作为组件安装定位基准，以便于应用激光跟踪仪等检测设备。

以飞机产品为例，在其总装过程中，采用数字化柔性对接工装是提高对接精度和效率的有效手段。在大部件对接过程中，检测系统对各部件上已标记出的对接装配控制点进行实时测量，将测量数据传递给对接工装的分析计算系统，分析计算系统将实测值与理论值进行分析比对，再将结果反馈给控制系统，进而驱动柔性对接工装运动实现部件的自动对接。

对接检测的设备一般可以采用室内空间测量系统或者激光跟踪仪，也可以将两个检测系统组合应用，为提高对接效率，有效控制装配精度，对接过程中可以依靠室内空间测量系统进行实时动态引导，部件到位后再应用激光跟踪仪进行坐标精确度检测和定位精度确认，可以有效地提高对接系统的运行效率。

**2. 复杂结构形貌检测及装备**

部件结构形貌检测是产品质量评定的一项重要内容，主要针对部件结构外形和表面质量进行检测。随着产品性能的不断提升，对其表面质量的要求也在不断提高，如铆钉头的凸凹量、蒙皮对缝间隙与阶差等与表面质量相关的要素也越来越受到关注，并不断提出严格的控制要求。长期以来，产品装配的外形依据装配型架上的外形卡板用塞尺等进行检查，蒙皮对缝间隙及阶差、紧固件钉头的凸凹量也都是用塞尺等进行检查，测量手段落后，测量精度低，难以进行全面的质量评定。近年来，随着数字测量技术的发展，激光雷达、数字近景摄影测量系统及光学扫描仪等设备开始应用于部件气动外形的检测，如摄影测量应用于大型整体特征测量，激光扫描应用于一般形貌检测，光栅投影结合立体视觉用于局部形貌高精度检测等。数字化光学检测设备的采用，不仅在精度上满足了检测需求，还极大地提高了检测效率。

微小装配中的测量技术

面向其他阶段或对象(密封性、线缆检测)的装配智能化检测方法与装备将在第4章详细介绍。有关精密装配测量技术的装置与方法等信息可以通过扫描左侧二维码自行阅读。

## 2.3 智能装配生产线

装配线的概念是由 HenryFord 于1913年提出的，是机器时代最重大的技术革新之一。所谓装配线是指按照制定的工艺流程，应用制定的操作步骤，按照一定的节拍，对各装配目标有序地进行组装的生产过程。它是一种广泛应用的人机工程，也是一种重要的规模化生产方式。20世纪80年代，美国学者赖特教授(P. K. Wright)和布恩教授(D. A. Bourne)提出了智能制造的概念，随着机器学习、大数据、物联网、云计算等智能技术的不断发展，智能装配生产线作为典型的智能制造装备之一，是实现高端制造转型的重要需求。

要了解智能装配生产线，首先需要厘清智能单元与生产线、节拍、装配线平衡3个重要概念。

**定义 2-9** 智能单元与生产线。智能单元与生产线是指针对制造加工现场特点，将一组能力相近相辅的加工模块进行一体化集成，实现各项能力的相互接通，具备适应不同品种、不同批量产品生产能力输出的组织单元。智能单元与生产线也是数字化工厂的基本工作单元。

智能单元与生产线具有独特的属性与结构，具体包括：结构模块化、数据输出标准化、场景异构柔性化及软硬件一体化，这样的特点使得智能单元与生产线易于集成为数字化工厂。在建立智能单元与生产线时，需要从资源、管理、执行三个维度来实现基本工作单元的智能化、模块化、自动化、信息化功能，最终保证工作单元的高效运行。总结来看，智能化生产线的建设离不开依赖于高度信息化的总体布局与智能化装配装备。

以汽车发动机装配为例，发动机装配线要保证发动机的装配技术条件，实现高精度；要保证装配节拍，实现高效率；要多机型同时装配，实现高柔性；要有效地控制装配精度，实现高质量。要实现以上几个方面必须从生产线的规划开始着手。传统的汽车零部件装配线虽然能实现流水线式生产，但是由于生产过程中无法保存产品的生产和测试参数，导致一旦出现质量问题就无从查起。因此，对人工成本上升、原料价格上涨、出口订单萎缩的中国汽车零部件制造业而言，走升级现有装配、检测设备的智能化道路是未来产业发展的必然趋势。实现汽车发动机装配线智能化，体现在成熟的装配工艺、智能化装备的选择、质量控制与智能化物流方式等方面。

民用飞机制造方面的装配工作量更大，约占整个飞机制造工作量的1/3，整个装配过程中涉及大量工装、系统的整合，因此对智能化设备进行合理的规划与管理是实现装配智能化过程中的重要环节。波音公司采用数字化工厂实现全方位、全周期生产管控，这样可以在制造环节显著提高生产效率并降低质量缺陷率。借助计算机建模仿真和信息通信技术的巨大潜力不断优化产品设计和制造过程，获得显著的经济效益。

**定义 2-10** 节拍。节拍是指整个生产系统在规定的时间范围内产出规定数量的产品。对于单台设备而言，指代单个工件的平均产出时间；对于一条生产线而言，指代瓶颈工位产出单个工件的平均时间。

**定义 2-11** 装配线平衡。装配线平衡是指位于同一条装配线上的各个工位，生产同一种产品所需的节拍的差异情况。

装配线平衡率 $f$ 能够直接反映企业的生产能级水平，是一项重要的指标。拥有较高平衡率的装配线，其产能也越大。$f$ 的计算式为

$$f=\frac{T}{\mathrm{CT}\times n}\times 100\% \tag{2-1}$$

式中 $T$——各工序时间总和；

CT——生产线工序中的最大标准工时，即生产线节拍；

$n$——工序数。

### 2.3.1 智能装配生产线的总体布局与信息化集成

结合企业的实际情况，采取总体规划布局、分步实施的原则是智能化生产线建立的重要保证。在前期布局阶段就应充分考虑未来的可持续性发展，提升生产线

的灵活性与兼容扩展性，以便于现有和未来设备的选型、联网集成与协同运行。

**1. 智能装配生产线的总体布局**

智能装配生产线的总体布局主要应从信息化建设和设备、物料的管理与调度两个方面着手。首先，生产线的信息化建设应达到数字化管理的要求，即通过制造执行系统(manufacturing execution system，MES)的建设，同时整合已经实施的企业资源计划(enterprise resource planning，ERP)、设备物联网系统及即将实施或规划的产品数据管理(product data management，PDM)系统、计算机辅助工艺过程设计(computer aided process planning，CAPP)系统，彻底打通横向信息集成。然后以 Smart Plant Foundation 为数据连接及管理平台，构建协同设计的构架，再通过信息化进行整合，通过车间布局改造、设备升级及自动化改造，最终实现智能化生产线的构建。其次，要解决好零部件装配质量控制与检测各个阶段的管理与控制，解决好产品从设计到装配制造阶段的全过程监控问题，减少设计到生产制造之间的不确定因素，使生产过程通过数字化手段得以验证。

利用现代信息技术和网络技术，以“产品加工与装配”为主线，将由计算机、网络、数据库、设备、软件等所组成的系统平台构建成一个高速信息网，实现计划快速下达、作业调度控制、工艺指导、生产统计、设备状态监控、质量全面管控及追溯、生产信息协同(物料协同、准时配送、生产准备协同)等，实现设备的智能化、生产管理的信息化。

**2. 智能装配生产线的信息化集成**

智能化装备单体虽然具备智能特征，但其功能和效率始终是优先的，无法满足现代制造业规模化发展的需求，因此，需要将智能化装备进一步发展和建立智能装配系统。

底层的多台智能化装备组成数字化装配生产线，实现智能化装备间的连接；多条数字化装配线进一步组成数字化车间，实现数字化生产线的连接；最终，数字化车间组成了智能化工厂，实现了各数字化车间的连接。顶层的应用层由物联网、云计算、大数据、机器学习、远程运维等使能技术组成，为智能装配系统提供技术支撑与服务。

智能装配生产线的信息化集成过程就是将物理对象(智能装配装备、产品等)与信息系统(如 MES 和 ERP)进行集成，通过计算机集成控制产品的装配过程。通过智能人机交互将机器和人的优势充分发挥，实现产品装配过程的智能化、高效化。总装智能生产线融合智能装备、智能配送、物联网、人工智能、数据挖掘、信息系统集成、计算机仿真等先进技术。智能总装生产线由智能总装生产过程建模与仿真优化系统、智能生产管控系统、智能物料配送系统、基于物联网的制造信息智能感知系统和智能制造云服务平台等子系统组成。以飞机产品为例，其脉动总装智能生产线架构如图 2-12 所示。

采用物联网技术对移动装配生产线现场各项信息数据进行采集、分析整理，并

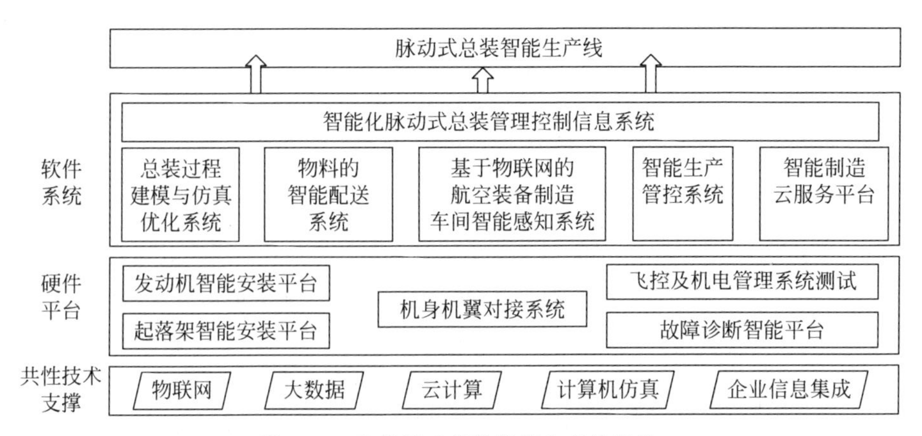


图 2-12　飞机脉动总装智能生产线架构

结合节拍设计与管理、生产计划与执行等信息化管理系统实现产品装配过程中的监测及控制、生产过程追踪质量控制、物流配送及装配资源管理是一种高效的先进管理手段。基于物联网的总装生产线管理系统及控制系统硬件结构分别如图 2-13 和图 2-14 所示。

整车装配产线的工业 4.0 之路

关于装配生产线的建设与智能工厂建设等信息可以通过扫描右侧二维码自行阅读。

## 2.3.2　智能装配生产线的硬件设备

智能装配生产线的硬件设备是实现智能制造的核心载体，相比于传统的制造装配而言，智能化装备具有自我感知、自适应与优化、自我诊断与维护、自主规划与决策等能力，智能化装备的发展水平是衡量一个国家工业现代化程度的重要标志。智能装配生产线典型的硬件设备包括智能机器人、智能传感器、柔性工装、智能装配装备等。

### 1. 智能机器人

智能机器人是集成计算机技术、制造技术、自动控制技术、传感技术及人工智能技术于一体的智能制造装备，其主体包括机器人本体、控制系统、伺服驱动系统和检测传感装置，具有拟人化、自控制、可重复编程等特点。智能机器人可以利用传感器对环境变化进行感知，基于物联网技术实现机器与人员之间的交互，并自主做出判断，给出决策指令，从而在生产过程中减少对人的依赖。随着人工智能技术、多功能传感技术，以及信息收集、传输和分析技术的快速发展，通过配备传感器、机器视觉和智能控制系统，智能机器人正朝着服务化与标准化的方向发展，其中服务化要求未来的智能机器人充分利用互联网技术，实现在线主动服务，而标准化是指智能机器人的各种组件和构件实现模块化、通用化，使智能机器人的制造成本降低，制造周期缩短，应用范围得到拓展。

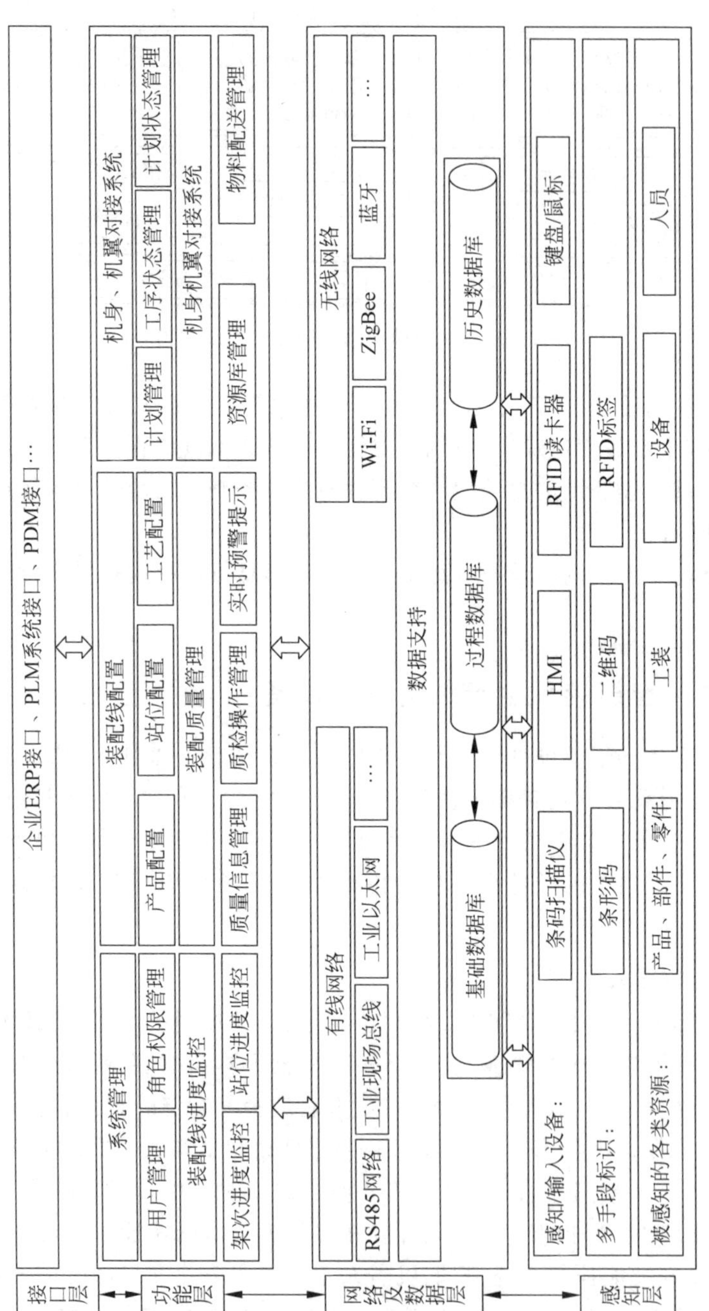


图 2-13　基于物联网的装配过程管理系统框架

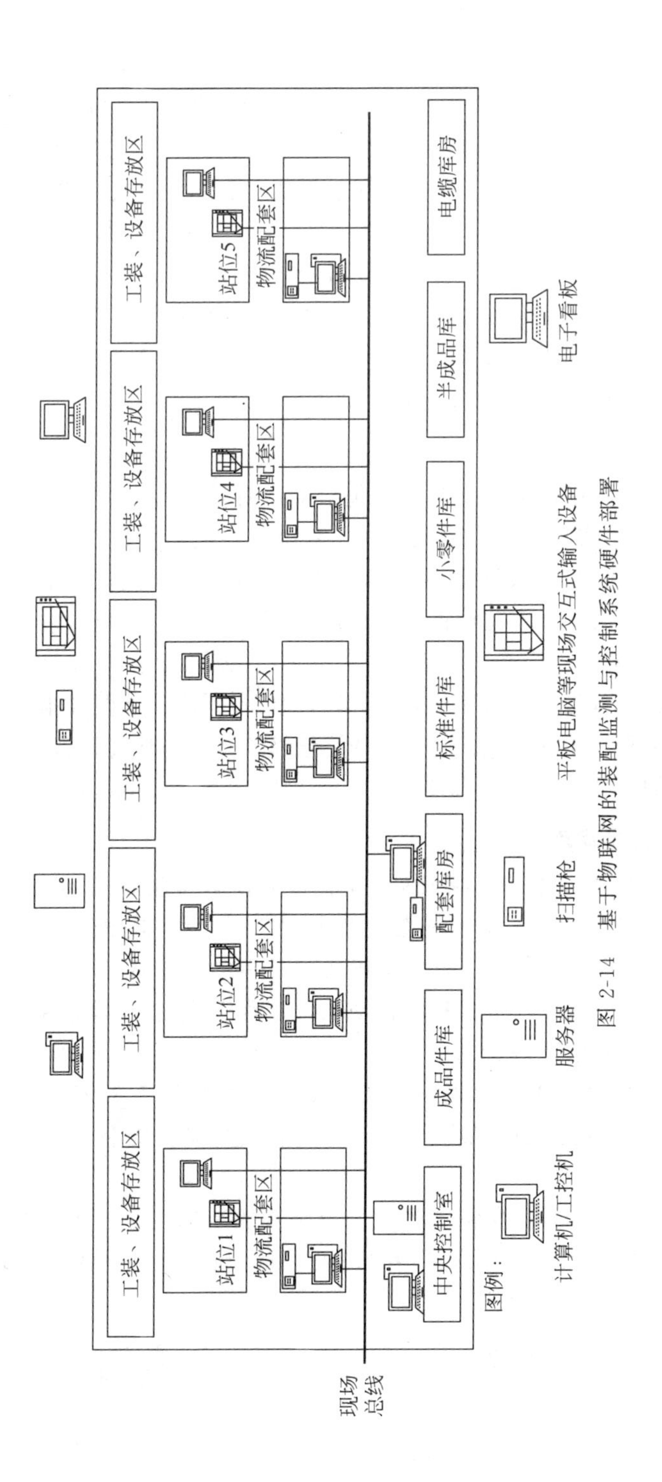


图 2-14　基于物联网的装配监测与控制系统硬件部署

### 2. 智能传感器

智能传感器是指将待感知、待控制的参数进行量化并集成应用于工业网络的高性能、高可靠性与功能性的新型传感器，通常带有微处理系统，具有信息感知、信息诊断、信息交互的能力。智能传感器是集成技术与微处理技术相结合的产物，是一种新型的系统化产品。目前常见的传感器类型包括视觉传感器、位置传感器、射频识别传感器、音频传感器与力/触觉传感器等。其核心技术涉及五个方面，分别是压电技术、热式传感技术、微流控 Bio MEMS 技术、磁传感技术和柔性传感技术。多个智能传感器还可组建成相应的拓扑网络，并且具备从系统到单元的反向分析与自主校准能力。在当前大数据网络化发展的趋势下，智能传感器机器网络拓扑将成为推动制造业信息化、网络化发展的重要力量。

### 3. 柔性工装

飞机装配过程中的柔性工装设备包括柔性对接平台、柔性制孔设备、AGV 等相关辅助设备，是实现智能化装配的硬件基础。柔性定位过程采用弹性体曲面柔性定位技术，先通过调整、重组、控制等手段动态生成工装定位模块，再通过拼装或调换柔性装配工装局部定位件进行信息重组，完成多型号飞机的装配任务，适用于多机型、多结构的生产模式。包括柔性对接平台、制孔设备及 AGV 等相关辅助设备的柔性工装设备是实现智能化装配的硬件基础，是降低装配成本、缩短装配准备周期的重要工具。柔性工装配合先进的测量检验系统与连接设备是保障智能化装配中最重要的环节。

### 4. 智能装配装备

随着人工智能技术的不断发展，智能装配技术与装备开始在航空、航天、汽车、家用电器、半导体、医疗等重点领域得到应用。例如，配备机器视觉的多功能、多目标智能装配装备首先可以准确找到目标的各类特征，自动确定目标的外形特征和准确位置，并进一步利用自动执行装置完成装配，实现对产品质量的有效控制，同时增加生产装配过程的柔性、可靠性与稳定性，提升生产制造效率；数字化智能装配系统则可以根据产品的结构特点和加工工艺特点，结合供货周期要求进行全局装配规划，最大限度地提升各装配设备的利用率，尽可能缩短装配时间。

智能机器人、智能传感器、柔性工装等是智能装配装备与系统的核心组成，关于智能机器人的发展进程与分类、装配过程中的传感器分类及作用等信息，可以通过扫描下方二维码自行阅读。

智能机器人行业研究报告

用于微小装配的传感器

### 2.3.3　智能装配生产线的典型应用案例

在汽车制造领域，国内各大整车厂及零部件制造厂普遍向智能化生产线转型。长城汽车公司建设的高端智能化工厂以科技为基础，打造以“智能、智慧”为主的新模式创新工厂（图2-15）。通过实施智能装备自主研发与互联网的有机结合，实现了高端智能装备、柔性化工艺技术、无人化智慧物流管理等核心技术的攻关与突破。

图2-15　长城汽车智能化装配线

在民用电气领域，随着中央空调更新换代速度的加快，空调设备越来越提倡环保节能减排，产品越来越复杂，个性要求越来越高。在个性化定制、柔性化生产更符合当下市场需求的背景下，海汇集团有限公司积极创新发展，将新一代信息技术与传统输送线相结合，自主研发了一条模块化、柔性化和智能化的多联机中央空调装配线，以满足型号复杂多变的多联机中央空调的个性化装配生产，项目研发历时2年，于2018年正式应用于海尔中央空调智能互联工厂，其拥有年产大型水机机组逾万台、空调末端产品突破35万台的生产能力，总装效率提高了30%，使人工劳动强度得以降低。此外，海尔中央空调互联工厂首创容器智能装配线、智慧能源管理系统（图2-16），拥有全球最大的智能互联测试台，实现了生产制造的转型升级和包括内外互联、信息互联、虚实互联的三大互联。

在民用飞机领域，具有代表性的是洛克希德·马丁公司在F-35的研制和生产过程中采用柔性装配技术，应用激光定位和电磁驱动等新技术组成模块化、智能化柔性自动化装配系统，可一次性完成制孔、锪窝、铆接等多项装配工作，极大地提高了工作效率与整机质量。此外，该公司在对复杂型面的复合材料零件的检测工作中（如大型油箱、大梁、复合材料进气道、机翼蒙皮等位置）采用先进的激光超声检测技术，自动检测范围近乎100%。2015年，空客公司采用这种柔性装配技术开发出电磁铆接动力头和行列式高速柱阵的柔性装配工装，历史性地实现了每月生产

图 2-16 海尔中央空调智能装配线

38 套机翼，尤其在机翼翼盒自动装配过程中，将柔性装配技术充分应用于柔性装配单元中，可完成测量、定位、夹紧、送料、机器人钻孔等多种复杂工作。

在国内民用飞机制造领域，以 C919 为代表的飞机部装车间的 4 条生产线(水平尾翼、中央翼、中机身及全机对接生产线)均采用了自动化设备及柔性工装(图 2-17)。C919 飞机的研制采用 MBD 技术建立面向三维数字化工艺设计和应用的一体化集成体系。采用分散式技术柔性装配工装，可对各机体零、组件稳定支撑，实现空间六自由度调整，具有较高的定位精度。此外，装配线的自动钻铆系统结合平尾、中央翼、中机身部件的不同结构特点及装配工艺流程要求，配置不同的钻铆装置。

图 2-17 C919 首架机体对接线

采用激光跟踪仪搭载空间分析仪(SA)测量软件组成数字化测量系统实现自动测量，将测量数据传递给控制系统，实现测量数据的数模交互；还采用 AGV 设备进行物流运输，具备万向运动功能，运动灵活、精度高，通过位置传感器自动感应与周围环境物体的距离，计算安全距离进行避障运动或报警。

总装移动生产线包含导引驱动系统、机体承载系统、动力源(气、电、液)的传导部分、装配工作平台、安全监测系统、控制系统软件及与制造执行系统(MES)的集成接口等。整条移动生产线采用导引驱动系统牵引机体承载系统,带动飞机和工装沿预定路线行进并采用地上与地下相结合的方式提供生产线的能源供给,配备生产控制系统及在线安全监控系统,保证生产线稳定可控;能够实现机身内部填充、全机系统件安装、电缆导通/分系统测试、最终功能实验、内饰系统安装、水平测量和客户检查等,且能够满足100架/年的产能要求。

通过以上应用案例可以看出,以实现加工生产智能化、检测与控制智能化、决策管理智能化、绿色化为出发点的装配装备、装配生产线的智能化是智能制造发展的必然趋势和要求,在提升产能及产品附加值方面都有着十分重要的作用。智能化工厂的建设离不开智能化装备与生产线,将在第5章进一步介绍智能化装备及生产线的应用。

关于更多智能装配工艺与装备技术体系的扩展资料,可以扫描下方二维码自行阅读。

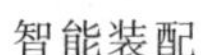

智能装配

奥迪汽车装配生产线

# 思考题

1. 智能装配有哪些特征?说一说智能装配与传统装配的区别。

2. 什么是装配人机工程仿真?其主要评价指标有哪些?

3. 试说明基于MBD的容差分析技术应用流程。

4. 查阅物联网的相关定义与关键技术,并解释物联网对智能制造的重要支撑作用。

# 参考文献


[1] 王仲奇,杨元.飞机装配的数字化与智能化[J].航空制造技术,2016(5):36-41.

[2] 朱天文.飞机结构全三维设计制造技术[M].北京:航空工业出版社,2020.

[3] 冯廷廷.基于MBD的飞机装配工艺规划与仿真[D].南京:南京航空航天大学,2011.

[4] 陶飞,刘蔚然,刘检华,等.数字孪生及其应用探索[J].计算机集成制造系统,2018,24(1):1-18.

[5] 宁汝新,郑铁.虚拟装配技术的研究进展及发展趋势分析[J].中国机械工程,2005(15):1398-1404.

[6] 袁立. 飞机数字化制造技术及应用[M]. 北京：航空工业出版社，2018.
[7] 冯子明. 中航工业首席专家技术丛书：飞机数字化装配技术[M]. 北京：航空工业出版社，2015.
[8] 何胜强. 大型飞机数字化装配技术与装备[M]. 北京：航空工业出版社，2013.
[9] 景武，赵所，刘春晓. 基于 DELMIA 的飞机三维装配工艺设计与仿真[J]. 航空制造技术，2012(12)：80-86.
[10] 吴维江. 基于 DELMIA 的飞行器虚拟装配技术研究与应用[D]. 南京：南京航空航天大学，2008.

# 第3章

# 智能装配工艺设计

装配工艺设计是工艺准备工作的核心，贯穿产品研制及批量生产的全过程。装配工艺设计涉及面广，工作内容多，但其工作重点和技术难点主要为装配工艺规划、误差累积分析、关键特性识别控制、仿真分析及容差分析等。产品装配工装的主要功能是保障被装配对象的空间位姿和相对位置的准确性，以及被装配对象在装配过程中的外形准确度。

## 3.1 装配工艺规划

装配工艺规划是工艺设计的首要工作，也是一切工艺准备工作的基础。为了适应基于模型的工艺设计方法与流程，装配工艺规划应由顶向下进行，即先进行总体规划，再进行详细规划。总体规划主要是对产品的装配规程进行规划，包括产品分离面的划分、装配顺序等，再根据产品的交付状态、检测方案、装配基准、零件加工基准进行资源配置和仿真，调整完善装配顺序规划，进而制定基于工艺知识推理的智能装配工艺规程，完成开放、灵活的智能装配工艺知识建模，以便满足企业集成应用的需求和数据管理的需求。

### 3.1.1 分离面的划分

在产品装配过程中，由于设计和工艺的要求，结构必须能够进行分解，而后在两个装配单元之间的对接面便形成了分离面。装配分离面主要有两种形式，即设计分离面和工艺分离面。

**1. 分离面的定义**

在产品装配过程中，产品一般是分解成单元部件进行组装、部装和总装的。首先需要将各单个零件按照一定的顺序组合，形成组合件，然后将各组合件逐步装配成复杂的部件，最后将各部件对接，形成产品整体。这些相邻单元之间的对接处或结合面就叫作分离面。

设计分离面就是设计人员根据产品结构的使用功能、维护修理、运输方便等方面的需要将整个产品从结构上划分为许多部件、段件和组件所形成的分离面。例如，飞机的机翼，为便于运输和更换，需设计成独立的部件；襟翼、副翼舵面需在机翼或安定面上做相对运动，也应把它们划分为独立的部件。又如，歼击机机身后装有发动机，为便于维修、更换，就把机身分成前、后机身两个部件。工艺分离面就是根据工艺需要将产品部件分解为可拆卸连接的段件、部件、组合件间的对接面。

**2. 分离面的划分原则**

分离面的划分与集中装配和分散装配有关。分离面划分得越细，型架夹具就越简单，开敞性也越好，便于连接工作机械化，有利于保证装配质量，同时还可扩大装配工作面，做到平行交叉作业，缩短装配周期。其缺点是工艺装配协调关系复杂，尤其是增加一个分离面便会增加一定的结构重量。

分离面划分的一般原则为：

(1) 在符合总体布局要求的同时，要考虑运输及工装设备情况。分离面尽量选在低应力区，结构形式要简单，且便于制造加工。

(2) 针对生产批量不同，应考虑便于分段装配、便于实验，特别要考虑现有的工艺水平、材料供应、成形设备、成形产品大小、壁板化程度，以便采用压铆技术。

(3) 尽可能选在单曲度外形与双曲度外形的交界处，或外形发生剧烈变化处，以减少或简化单曲度段的工艺装备。

(4) 在气密与非气密结构交界处和不同材料结构之间选用工艺分离面，以便按不同的工艺特点组织生产。

(5) 在承力结构与非承力结构之间选用工艺分离面。

(6) 系统件分离面与结构分离面应一致，否则会给协调、互换带来困难。

(7) 在简单结构与复杂结构之间可选择分离面，以便于结构布置。

(8) 尽量避免出现套合结构。

分离面划分明确后，再针对不同装配单元的结构特点进行装配方案设计。在装配过程中，首先完成装配单元内部的装配，然后按照由底而上的顺序将各装配单元组装在一起，进而完成产品的装配。

**3. 分离面的设计要求**

分离面的划分取决于产品结构工艺分解的可能性，因此产品结构设计阶段就应该考虑满足批量生产要求的产品结构工艺分解的可能性。为满足工艺上的需要，在对图样进行工艺性审查时，对工艺分解应遵循以下要求：

(1) 尽量减少装配周期长的总装架内工作量，如部件总装、分部件总装等。尽可能多地形成大型组件，避免以散件的形式进入部件总装。

(2) 结构设计规范化，以便采用机械化、自动化连接技术，提高劳动生产率，缩短装配周期。

(3) 尽可能减少工艺分离面上的协调部位。对于有协调要求的部位必须有相应的措施,如设计补偿、工艺补偿或者采用工装保证。

(4) 工艺分离面上结构件之间的装配关系应采用对接或搭接形式,避免采用插装。

(5) 工艺分离面上的结构连接应有充分的施工通路。在可能的情况下,装配顺序应由内向外。

(6) 不同装配特点(环境条件、实验条件、连接形式、工艺特点)的装配件应通过工艺分离面或设计分离面单独划分出来,例如,飞机机身的气密部分、复合材料、蜂窝件、胶接件等。

(7) 工艺分离面的划分应使各个装配工作站的装配周期基本平衡。

### 3.1.2 装配工艺规程

对于结构复杂、要求严格的产品,为保证装配工作顺利进行,工作时必须依据装配工艺规程进行。用文件的形式将装配内容、装配顺序、操作方法和检验项目等规定下来,作为指导装配工作和组织装配生产的依据,即为装配工艺规程。它对产品的最终质量、成本及生产率有重大影响,所以制定装配工艺规程是生产技术准备工作的重要内容之一。

#### 1. 制定装配工艺规程的基本原则

制定装配工艺规程的原则是在保证质量的前提下,尽量提高生产率和降低成本。具体来说有以下几点:

(1) 保证产品的装配质量,以延长产品的使用寿命。

(2) 合理安排装配工序,尽量减少手工劳动量,缩短装配周期,提高装配效率。

(3) 尽量减少装配占地面积。

(4) 尽量减少装配工作的成本。

#### 2. 制定装配工艺规程的原始资料

1) 产品的装配图和验收技术标准

在装配图上可以看到所有零件的相互连接情况、技术要求、零件明细表及数量等,所以产品和部件的装配图是制定装配工艺规程的依据。在产品验收技术标准中规定了产品技术性能的检验内容和方法,这对于制定产品总装配工艺规程来说是不可缺少的。为了核对和验算装配尺寸,有时还需要某些有关的零件图。

2) 产品的生产纲领

产品的生产纲领决定了装配的生产类型。在制定产品或部件的装配工艺规程时,首先应依据产品的技术要求,明确生产类型,根据不同生产类型的工艺特点制定出合理的工艺规程。

3) 现有的生产条件

现有的生产条件主要包括现有装配车间的面积、工艺装备和工人技术水平情况等。

**3. 制定装配工艺规程的步骤**

1）研究产品装配图及验收技术标准

在研究产品装配图的过程中，了解和熟练掌握产品及部件的具体结构、装配精度要求和检查验收的内容及方法、审查产品的结构工艺性、研究设计人员确定的装配方法等。

2）确定装配方法和装配组织形式

（1）确定装配方法。设计人员在产品设计阶段已经初步确定了产品各部分的装配方法，并据此规定了有关零件的制造公差。但是装配方法随生产纲领和现有生产条件的变化可能会发生不同的变化。所以制定装配工艺规程时，在充分研究已定装配方法的基础上，还要根据具体情况综合考虑已定的装配方法是否合理，如不合适则提出修改意见，并与设计人员一起将装配方法最终确定下来，然后根据产品的结构特点（如质量、尺寸、复杂程度等）、生产纲领和现有的生产条件确定装配的组织形式。装配方法的确定主要取决于产品结构的尺寸大小、重量和产品的生产纲领。一般单件小批量生产和重型产品多采用固定式装配，大批量生产多采用移动式装配流水线，成批生产则介于两者之间。多品种平行投产时采用变节奏流水装配形式较为合理。

（2）确定装配组织形式。装配的组织形式可分为固定式和移动式两种。①固定式装配是将产品或部件的全部装配工作安排在一个固定的工作地进行。装配过程中产品的位置不变，所需的零部件全汇集在工作地附近，由一组工人来完成装配过程。②移动式装配是将产品或部件安放在装配线上，通过连续或间歇的移动使其顺次经过各装配工位以完成全部装配工作。

装配的组织形式主要取决于产品的结构特点、生产纲领和现有的生产技术条件及设备状况。装配的组织形式确定后，也就相应地确定了装配方式。各种生产类型装配工作的特点见表 3-1。

**表 3-1　各种生产类型装配工作的特点**

| 生产类型 | 大量生产 | 成批生产 | 单件小批生产 |
| --- | --- | --- | --- |
| 装配工作特点 | 产品固定，生产活动经常重复，生产周期一般较短 | 产品在系列化范围内变动，分批交替投产或多品种同时投产，生产活动在一定时期内重复 | 产品经常变换，不定期重复生产，生产周期一般较长 |
| 组织形式 | 多采用流水装配线，有连续移动、间隔移动及可变节奏等移动方法，还可采用自动装配机或自动装配线 | 产品笨重、批量不大的产品多采用固定流水装配，批量较大时采用流水装配，多品种平行投产时用多品种可变节奏流水装配线 | 多采用固定装配或固定式流水装配进行总装配，对批量较大的部件亦可采用流水装配 |

续表

| 生产类型 | 大量生产 | 成批生产 | 单件小批生产 |
| --- | --- | --- | --- |
| 装配工艺方法 | 按互换法装配，允许有少量简单的调整，精密偶件成对供应或分组供应装配，无任何修配工作 | 主要采用互换法，可灵活运用其他保证装配精度的装配工艺方法，如调整法、修配法，以节约加工费 | 以修配法及调整法为主，互换件比例较少 |
| 工艺过程 | 工艺过程划分很细，力求达到高度的均衡性 | 工艺过程的划分须适合批量的大小，尽量使生产均衡 | 一般不制定详细的工艺文件，工序可适当调整，工艺也可灵活掌握 |
| 工艺装备 | 专业化程度高，宜采用专用高效的工艺装备，易于实现机械化、自动化 | 通用设备较多，但也采用一定数量的专用工、夹、量具，以保证装配质量和提高工效 | 一般为通用设备及通用工、夹、量具 |
| 手工操作要求 | 手工操作的比重小，熟练程度容易提高，便于培养新工人 | 手工操作的比重大，技术水平要求高 | 手工操作的比重大，要求工人具备较高的技术水平和多方面的工艺知识 |
| 应用实例 | 汽车、拖拉机、内燃机、滚动轴承、手表、缝纫机 | 机床、机动车辆、中小型锅炉、矿山机械等 | 重型机床、重型机器、汽轮机、大型内燃机等 |

3）划分装配单元，确定装配顺序

（1）组成机器的任何机械产品都是由零件、合件、组件和部件组成的。零件是组成机器的最基本的单元。若干零件永久连接或连接后再加工便成为一个合件，如镶了衬套的连杆、焊接成的支架等。若干零件与合件组成在一起则成为一个组件，它没有独立完整的功能，如主轴和装在其上的齿轮、轴、套等构成主轴组件。若干组件、合件和零件装配在一起，成为一个具有独立、完整功能的装配单元，称为部件，如车床的主轴箱、溜板箱和进给箱等。将产品划分为上述可以独立进行装配的单元是制定装配工艺规程时最关键的一个步骤，对于大批量生产中结构复杂的产品尤其重要。

（2）选择装配的基准件。上述各装配单元要首先选定某一零件或低一级的单元作为装配基准件。基准件的体积（或重量）应较大，有足够的支撑面以保证装配的稳定性，如主轴组件的装配基准件，主轴箱体是主轴箱部件的装配基准件，床身部件又是整台机床的装配基准件等。

（3）安排装配顺序的原则。划分好装配单元并选定装配基准件后，就可安排装配顺序。安排装配顺序的原则如下。

① 先安排工件的处理，如倒角、去毛刺、清洗、涂装等。

② 先难后易、先内后外、先上后下，以保证装配顺利进行。

③ 位于基准件同一方位的装配工作和使用同一工装的工作尽量集中进行。

④ 易燃、易爆等有危险性的工作尽量放在最后进行。

4）划分装配工序，设计工序内容

装配顺序确定以后，根据工序集中与分散的程度将装配工艺过程划分为若干工序，并进行工序内容的设计。

（1）划分装配工序的一般原则。

① 前面的工序不应妨碍后面工序的进行。因此，预处理工序要先行，如将清洗、倒角、去毛刺和飞边、防腐除锈处理、涂装等工序安排在前。

② 后面的工序不能损坏前面工序的装配质量。因此，冲击性装配、压力装配、加热装配、补充加工工序等应尽量安排于早期进行。

③ 减少装配过程中的运输、翻转、转位等工作量。因此，相对基准件处于同一范围的装配作业，应尽量使用同样的装配工装、设备；对装配环境有同样特殊要求的作业应尽可能连续安排。

④ 减少安全防护工作量及其设备。对于易燃、易爆、易碎、有毒物质或零件、部件的安装，应尽可能放到后期进行。

⑤ 电线、气管、油管等管、线的安装应根据情况安排在合适的工序中。

⑥ 安排检验工序，特别是在对产品质量影响较大的工序后，要在检验合格后方可进行后面的装配工序。

（2）工序内容设计。

① 划分装配工序，确定工序内容，如清洗、刮削、平衡、过盈连接、螺纹连接、校正、检验、试运转、油漆、包装等。

② 确定各工序所需的设备和工具，如需专用设备和工装，应提出设计任务书。

③ 制定工序的操作规范，如清洗工序的清洗液、清洗温度及时间、过盈配合的压入力、变温装配的加热温度、紧固螺栓、螺母的旋紧力矩和旋紧顺序、装配环境要求等。

④ 制定各工序的装配质量要求与检验方法。

⑤ 确定各工序的时间定额，平衡各工序的工作节拍。

5）填写工艺文件

单件小批量生产时，通常只绘制装配单元系统图。成批生产时，除绘制装配单元系统图外，还要编制装配工艺卡，在其上写明工序次序、工序内容、设备和工装名称、工人技术等级和时间定额等。大批量生产中，不仅要编制装配工艺卡，还要编制装配工序卡，以便直接指导工人进行装配。

6）装配单元系统图

为了清晰直观地表示装配顺序，生产中常常使用装配单元系统图。在系统图中，每个零件或组件、部件用一个长方格表示，长方格的上方注明单元名称，左下方填写单元编号，右下方填写参加装配的单元数量。绘制装配单元系统图的方法是：先画一条横线，横线的左端画出代表装配基准件的长方格，右端指向代表装配单元的长方格，再按照装配顺序从左向右依次将装入基准件的零件、组件及部件引入。零件画在横线上方，组件或部件画在横线下方，然后在图上相应的部位加注所需的工艺说明，如焊接、配钻、检验等，即成为装配单元系统图。

7）制定产品的检测和实验规范

产品装配完毕，要按设计要求制定检测和实验规范，其内容一般包括：检测和实验的项目及质量指标，方法、条件及环境要求，所需工装的选择与设计，程序及操作规程；质量问题的分析方法和处理措施。

### 3.1.3 智能装配工艺规划

智能装配工艺规划是基于工艺知识库及资源库，面向新的工艺需求，采用适当的工艺推理方法，在工艺设计过程中由机器模拟人类的思维推理过程，构建出经过优化的装配工艺。智能装配工艺规划中涉及的关键理论及方法主要包括工艺知识推理及基于知识推理的智能规划。其中，工艺知识推理可分为工艺逻辑推理和工艺参数优化等方面。在这些技术的支撑下，可实现基于工艺模板的快速工艺规划，进一步实现工艺模板与制造资源相融合的智能工艺规划。

#### 1. 智能装配工艺知识推理

推理是指从已知的判断出发，按照某种策略推导出一种新的判断的高级思维过程。从推理方向的角度看，工艺推理策略可分为正向推理与反向推理。正向推理是指由原始数据出发，按照一定的策略，依据数据库知识，推断出结论的方法。反向推理则是从目标出发，通过推理最终得到初始数据的方法。从推理方法的角度看，工艺知识推理可分为基于实例的推理与基于知识的创成式推理，以及综合了这两种方法及人工交互法的混合式推理方法。基于实例的推理以成组技术为基础，建立典型的装配工艺规程，并利用相似性原理来检索现有的工艺规程。创成式推理是根据装配输入信息，在推理过程中综合应用各种工艺决策规则进行判断，为新的产品自动生成新的工艺规程。

#### 2. 基于工艺知识推理的智能决策

工艺智能决策可分为两个层次，即基于工艺模板的快速工艺决策和工艺模板与制造资源相融合的工艺智能决策。基于工艺模板的快速工艺决策是指在工艺模板的基础上，通过可视化、图形化、便捷化的方式实现工艺决策模型的自定义，实现模型驱动的快速工艺决策。工艺模板与制造资源相融合的工艺智能决策是指通过读取 MBD 中的工艺要求，结合产品三维模型的特征识别结果，自动选择工艺模板及制造资源，并且将模板与资源进行深度融合，进而实现工艺的自动决策。同时，通过建立一定的规则，对工艺方案的有效性进行检查。图 3-1 所示为工艺智能决策流程。

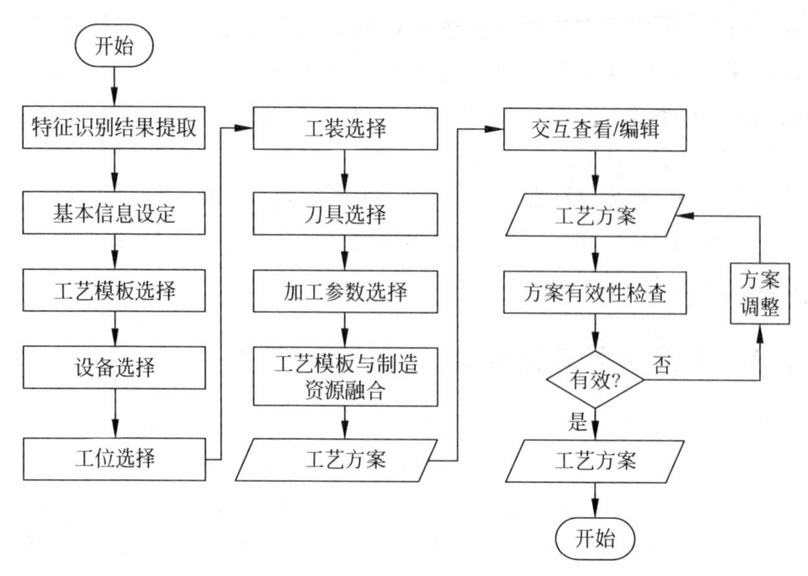


图 3-1　工艺智能决策流程

### 3.1.4　智能装配工艺知识库

智能装配工艺知识库是装配工艺知识的集合，智能装配工艺知识库的建立就是要将知识体系中的隐性知识显性化，显性知识结构化，结构化知识标准化，最终使标准化的知识能够得以自动化应用，完成基于知识的专家工艺决策。

**1. 智能装配工艺知识库的种类**

装配领域所涉及的知识与经验非常广泛，在产品装配单元划分、工序的装配定位方法选择、装配装夹方案设计、装配工序方法选择及工序资源选择等过程中均需要装配工艺知识的支持。通过对装配工艺设计的深入分析，可将智能装配工艺知识分为以下 4 大类。

1）典型工艺库

通过总结产品装配的典型工艺流程、各类操作方法流程等，形成典型工艺模板、典型工序模板、工步模板、典型操作方法，通过融合相应的工艺资源，即可形成典型工艺方案、典型工序、典型工步及典型操作，构成多层次的产品装配典型工艺流程库，为基于知识的工艺决策提供典型宏观工艺流程，提高工艺决策结果的实用化水平。

2）工艺资源库

工艺资源库中包括装配工装、设备、刀具、量具等资源知识，可为装配工艺决策提供统一的工艺资源平台。对于每一类资源，均包含几何参数、工艺参数及三维模型等数据，用于完整表达资源的相关信息。例如，刀具资源库中的每一把刀具均包括刀具类型、几何参数、加工参数及刀具的三维模型。其中，工艺资源的三维模型主要用于装配工艺过程仿真，包括人体模型、工装模型、产品模型及厂房模型等。

3）工艺规则库

形成一套有效合理的装配工艺需要大量的工艺经验及知识，而这种经验及知识可以通过规则的形式进行表达，这些规则通过结构化和实例化处理后可存储于数据库中，实现装配工艺规则的构建，形成工艺规则库，为智能化的工艺设计提供规则。

4）事实参数库

装配工艺设计过程中存在一些客观的工艺信息，这些工艺信息通常不随着工艺资源的改变而发生变化，如紧固件类型、夹层材料、密封形式等。在构建数据库的过程中，应对装配工艺规划过程中涉及的这种非资源类对象按照类别建立相应的参数库，并明确其属性信息。这些事实参数可作为智能化工艺设计系统的界面输入，或者计算过程中的输入数据。

**2. 智能装配工艺知识建模与表达**

根据装配工艺的特点，可建立典型装配工艺库、工艺资源库、装配规则库、事实参数库及参数优化模型库，用于装配工艺决策。而建立这些工艺知识库最关键的问题是如何有效地表示工艺知识，主要包括典型装配工艺建模、工艺资源信息建模、工艺规则建模、事实参数建模等。

1）典型装配工艺建模

采用结构化的树状模型可以较好地表示工艺流程、操作流程等工艺过程，根据装配宏观工艺流程，抽取关键节点作为树状结构的节点，并结构化表示其属性信息，约束各层级节点的父子关系，即可建立典型工艺的模型。如图3-2所示，装配过程可以大致表示为工位、工序、工步等节点，每个节点均有相应的属性信息，各节点间存在父子关系、兄弟关系，用以表示过程信息，因此这种表示方法可以完整有效地表达典型装配工艺及流程化的工艺过程。

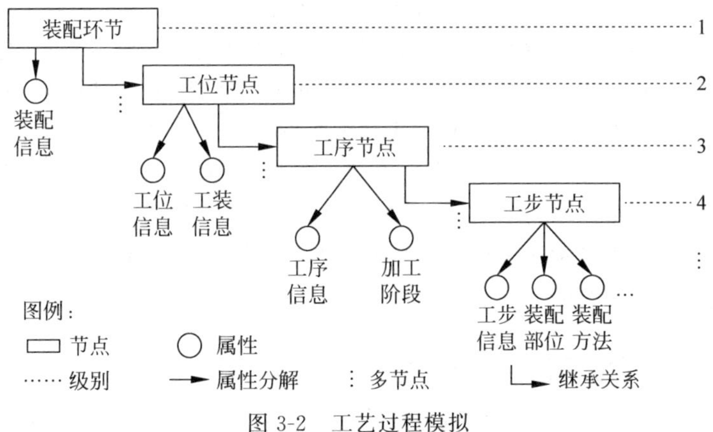


图3-2　工艺过程模拟

2）工艺资源信息建模

对各类工艺资源进行属性分析，并考虑各类资源间的关联关系，采用E-R实体关系模型表示装配工装、刀具、量具、设备等制造资源，建立多对多的关系模型，然后将企业中现有的工艺资源进行实例化存储到数据库中，实现产品装配工艺资源库的构建。对于装配工装、刀具、标准人体等三维模型，可以采用参数化的建模方法，实现对象的参数化建模。

3）工艺规则建模

装配工艺规划涉及各类制造资源及典型工艺流程的选择，装配数据库应针对这些方法建立相应的规则。采用if/else原则对装配工装选取、刀具选择、装配方案选择等方法建立相应的规则。

4）事实参数建模

对装配工艺过程中的各种事实类参数进行分类、总结，并分析其属性，采用对象建模方法建立事实参数模型。图3-3所示为事实参数建立的模型，每个事实对象均存在多个参数值，每个参数值均为可选项。

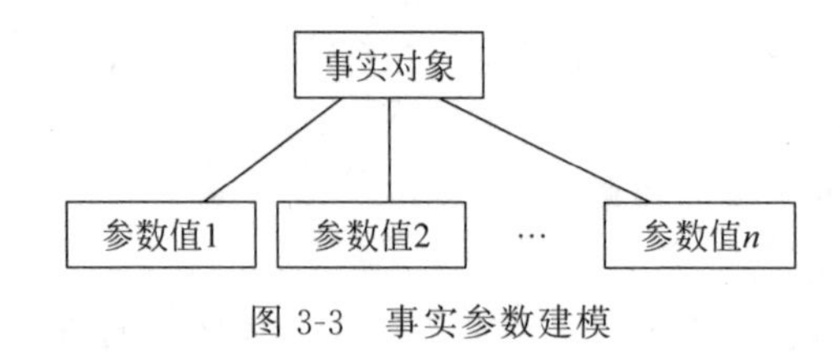


图3-3　事实参数建模

## 3.2 装配工艺仿真

装配工艺仿真是数字化条件下装备装配工艺设计的一项重要工作内容，也是数字化并行设计的关键环节。随着数字化制造技术的逐步深入，装配工艺仿真已经成为优化工艺设计结果、缩短装备研制周期、提升装备质量的必要手段。装配工艺仿真技术就是利用已有的装配工艺流程信息、产品信息和资源信息，定义好每个零件的装配路径，实现产品装配过程的三维动态仿真，评价产品的可装配性、可维护性，以发现工艺设计过程中装配方法和装配顺序设计的错误，大幅度提升数字化装配工艺设计水平。装配工艺仿真主要是通过检查产品零件在装配过程中是否发生碰撞、干涉等现象，并按照工艺流程进行装配工人的可视性、可达性、可操作性及安全性仿真，以实现从单个装配单元的装配过程、流程时间到生产线物流变化的整个产品的现场可视化装配生产过程。

### 3.2.1 装配工艺仿真的内涵及意义

装配工艺仿真可以为各类复杂装备及产品的设计和制造提供产品可装配性验证、装配工艺规划和分析、装配操作培训与指导、装配过程演示等完整的解决方案。

该解决方案为产品设计过程的装配校验、产品制造过程的装配工艺验证、装配操作培训提供虚拟装配仿真服务。装配工艺仿真对于产品装配过程的意义主要有以下几点：

（1）有利于实现产品设计、工艺设计、工装设计的并行开展，从而降低产品研制风险，缩短产品研制周期，减少开发成本。

（2）在产品实际（实物）装配之前，通过装配过程仿真，可及时地发现产品设计、工艺设计、工装设计存在的问题，有效地减少装配缺陷和产品故障率，减少装配干涉等问题导致的重新设计和工程更改，保证了产品装配的质量。

（3）装配仿真过程生成的图片、视频录像可直观地演示装配过程，使装配工人更容易理解装配要求，减少了装配过程反复次数和人为差错。

（4）装配仿真过程产生的图片、视频录像可用于对维修人员进行培训。

（5）对于新产品的开发而言，通过三维数字化装配工艺设计与仿真减少了技术决策风险，降低了技术协调成本。

（6）通过三维数字化装配工艺设计与仿真，可进行装配工时分析、生产线资源与工艺布局规划和评估，有利于生产线的改造与建立。

### 3.2.2　装配工艺仿真与优化

装配工艺仿真是在网络和计算机软件环境中，利用产品和资源的三维数模，对产品的装配工艺进行设计，并模拟产品移动、定位、夹紧等装配过程，检查产品设计、资源设计和工艺设计的缺陷，对工艺设计的结果进行仿真验证和评估。

装配工艺仿真的主要目的是对装配的几何约束、干涉问题进行检验，验证产品结构设计的协调性、合理性和可维护性，是产品设计工作的组成部分。该部分工作可以分为5个阶段，即数据准备、装配工艺流程创建、装配工艺仿真、装配工艺分析与优化及仿真结果输出，其一般流程如图3-4所示。

#### 1. 装配工艺仿真

在数字化环境下，建立厂房、地面、起吊设备等三维制造资源模型，将已经建立好的各装配工艺模型和装配型架、工作平台、夹具、人员等制造资源三维模型放入厂房中，按照设计好的工艺布局将产品、制造资源等放置到位，以装配工艺流程为主线，模拟工厂的实际生产过程，如图3-5所示。

工艺布局的仿真可以实现以下功能：①检验产品生产线上各生产要素是否齐备，以及生产原料堆放场地是否得到合理利用，适用于何种运输工具；②检验工艺布局是否符合流水化作业进程，以及运输通道是否流畅；③在产品装配过程中可进行静态和动态干涉检查，以及装配工人的视界检查；④在进行数字工艺准备设计的同时，可以进行定位和配合检查，以及实际装配过程（包括安装顺序）的可视性检查等。通过仿真验证工艺布局的合理性，调整装配工艺流程、资源人员配置及相对位置，以减少交叉路径和迂回现象，减少移动距离，从而减少成本，达到优化工艺布局的目的。

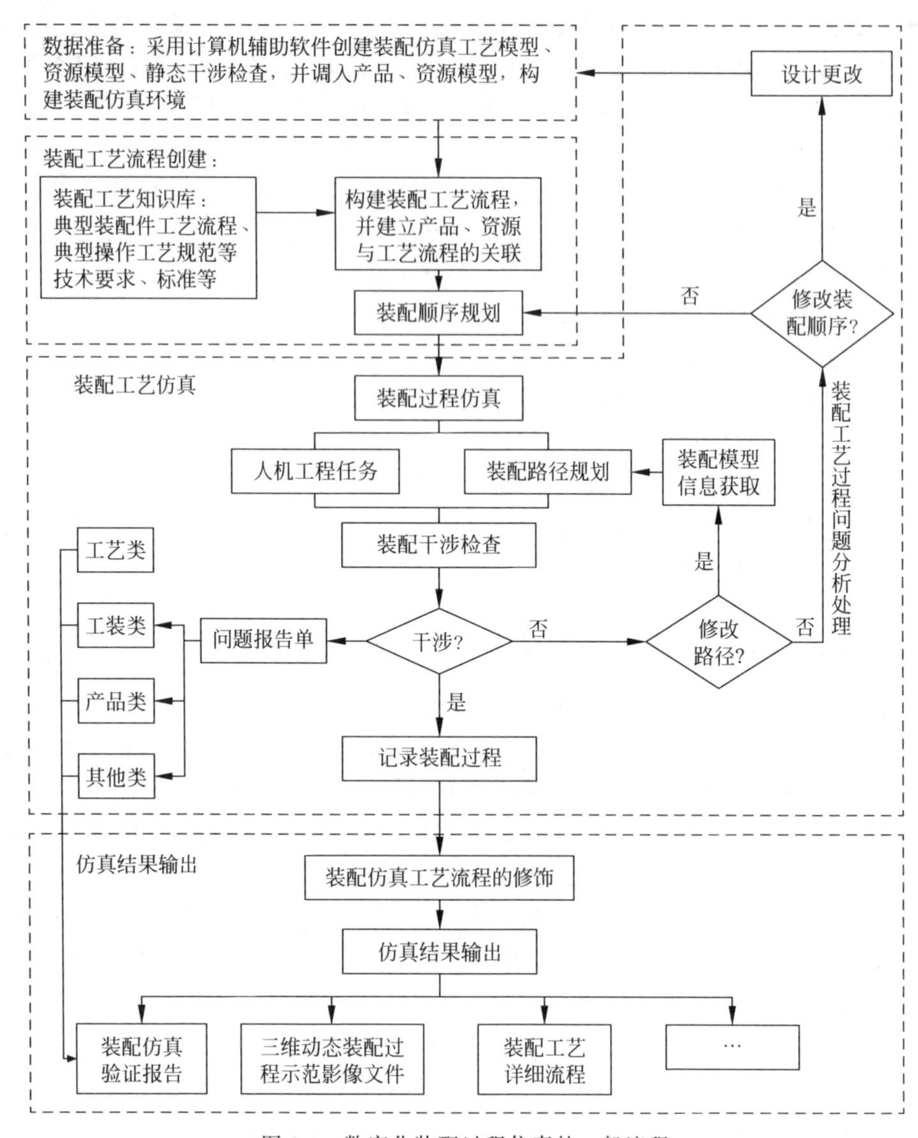


图 3-4 数字化装配过程仿真的一般流程

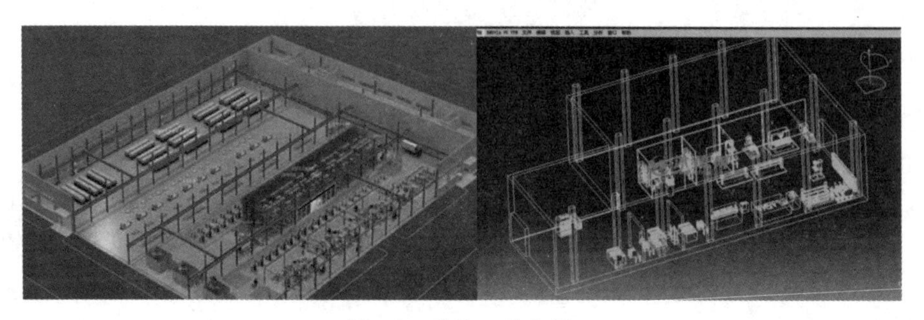

图 3-5 装配工艺布局

工艺布局优化遵循的原则包括：①工艺规程原则和最短路线原则；②生产力均衡原则；③充分利用空间和场地的原则；④方便运输的原则；⑤安全和环保的原则；⑥快速重组的原则。以数字化装配协调为基础，针对数字化装配工艺方案，建立数字化装配系统装备的仿真模型，考虑装配系统产品和制造资源的布局，结合数字化装配系统物流管理，进行系统布局装配仿真，合理布局，可有效提高厂房空间和数字化装配装备的利用率，保证数字化装配系统布局满足精益制造的要求。

工艺过程仿真的顺序为：①数据准备，完成工艺模型的建立与导入；②装配工艺流程创建，完成工艺流程顺序的建立、调整，为流程中的各节点指派产品和资源模型，并验证装配流程的有效性；③装配过程仿真，通过装配路径规划实现装配工艺过程仿真、人机工效任务仿真，并检查装配过程中产品零部件或资源的动态干涉和碰撞情况，验证装配工艺的可行性；④装配工艺过程问题分析与处理，通过分析结果，对装配顺序、装配空间、装配路径、人机工效等方面存在的问题进行反馈与优化；⑤装配仿真结果输出后得到效果清晰、重点突出、便于观察的视频文件，并在装配仿真中添加必要的修饰，最终生成相关的分析报告和视频文件。有关装配仿真的扩展资料可以扫描右侧二维码自行阅读。

基于汽车总装输送线装配仿真

**2. 装配工艺设计的优化**

装配工艺是用来指导现场装配的工艺文件，装配工艺编制质量的高低直接影响产品的装配质量。

装配工艺优化有两种情况。第一种情况，对于已有的装配工艺，可以按照现有的装配路径、装配顺序进行装配过程分析、仿真，检查现有工艺的可行性，同时也可以根据动态仿真的过程，生成一个优化的装配次序、装配路径，从而优化现有装配工艺。第二种情况，可以改变传统装配工艺的表现形式，采用电子化、结构化、可视化的工艺形式来生成装配工艺规划，用于指导实际的装配过程，有利于装配工人对装配工艺的有效理解，从而提高装配质量。

除了保证装配工艺的可行性外，装配工艺优化还需要考虑装配过程中的时间、成本费用等因素，关注设备、空间、人员、工具等的利用率，最终输出最优的装配工艺方案。

### 3.2.3　装配人机工效仿真

产品装配过程中的人机工效仿真是指在产品进行真实装配之前，将产品及资源对象的三维实体模型在仿真软件系统中建立起来，在虚拟环境中利用三维人体模型模拟人的实际工作情况，实现三维人体在制造环境中与其所制造、安装、操作、维护的产品之间互动关系的动态仿真，以分析操作人员在该环境下的姿态、负荷等，验证装配操作的可视性、可达性、可操作性等，提高装配效率，并从工效学的角度对人体姿态做出评估与改进，使之更能满足作业要求及达到安全舒适、高效的标准。

产品装配中人机工效仿真典型的作业流程如图 3-6 所示。

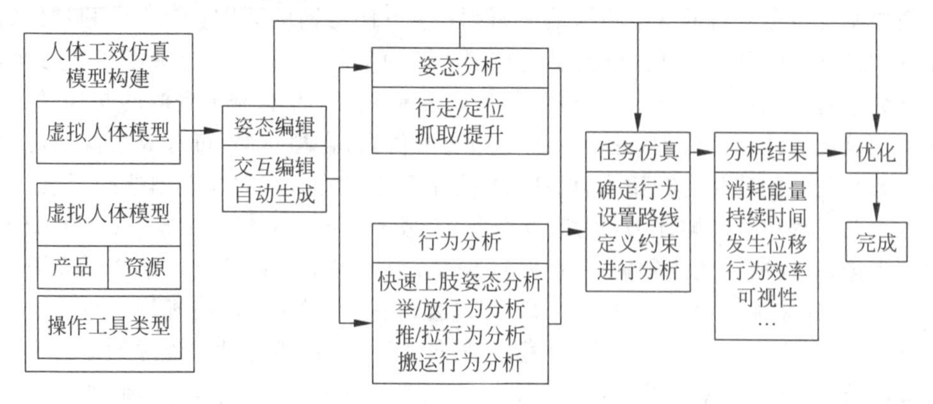


图 3-6 人机工效仿真流程

**1. 人体模型的建立**

人体模型的建立是进行人体任务仿真的基础，数字仿真软件能够根据国家、性别、百分点、身高、体重、承载能力等参数自动生成人体模型，也可以直接从工厂建立的人体模型库中选择数学模型，并通过编辑参数使之与工人的实际情况相符。对于特殊工序的人机工程仿真，应根据生产现场操作者的特征建立其三维人体模型。在某些特定的工作中，比如狭小的空间里钻孔、铆接或者打保险等，需要模拟人体手部的详细动作，分析手的可操作空间，对于这种情况，可单独建立人的局部三维模型，人体模型的创建见图 3-7。

图 3-7 人体模型的创建

**2. 人体姿态编辑**

人体姿态编辑如图 3-8 所示，以真实的人体关节活动为依据，考虑人体生理及可承受的疲劳强度，应用数字仿真软件中的姿态编辑器编辑人体姿态，调整头、颈、肩膀、手臂等约 30 个部位创建工人工作中的各种姿态。人体姿态的编辑方式有两种：一种是选择需要更改姿态的人体部位及其自由度，通过修改自由度的值得到人体不同的姿态；另一种是在人体标准姿态库中选择相似的姿态，对标准姿态进行调整以得到所需要的人体姿态。

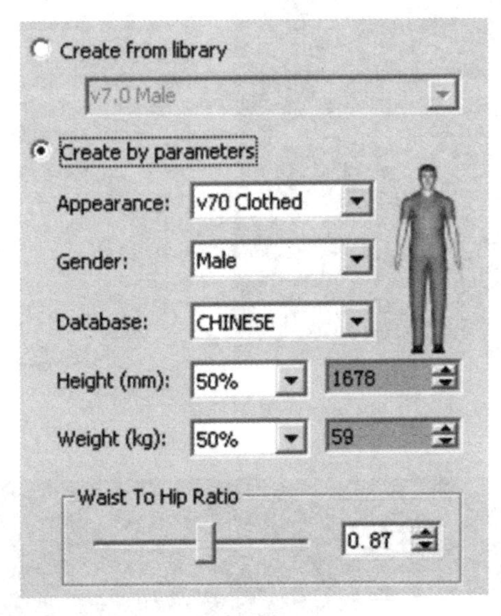


图 3-8 人体姿态编辑

**3. 人体模型运动分析**

人体模型运动分析包含两部分，即人体姿态分析和人体行为分析。通过对人体工作时的姿态和动作进行分析，合理配置工人与其制造、安装、操作与维护的产品或资源。

姿态分析是通过求解人体的运动学和动力学模型对行走、定位、抓取和举放等姿态进行评估，以及进行人体受力及疲劳分析等。针对产品装配过程中人体姿态的计算，可根据人体参数、作业点、作业力方向、人体位置及人体操作方式等计算上下体姿态角，判断可工作域，自动调整人体姿态，以实现自动控制及姿态计算，并使人体达到最舒适的状态。

人体行为分析用来检测人与工作环境中各种设备与工具的相互影响，分析人的举、放、推、拉、运等行为，包括快速上肢分析、搬起/放下行为分析、推拉行为分析、搬运行为分析、个人行为分析等，通过设置理想的动作极限、负重极限等，使操作者操作起来更舒适和安全。人体模型运动分析实例如图 3-9 所示。

**4. 人体视野分析**

人体视野分析实例如图 3-10 所示。装配过程中的可视性判断通过对人体模型的视野分析来进行，视野分析的流程包括以下几个方面：

(1) 建立人体模型。

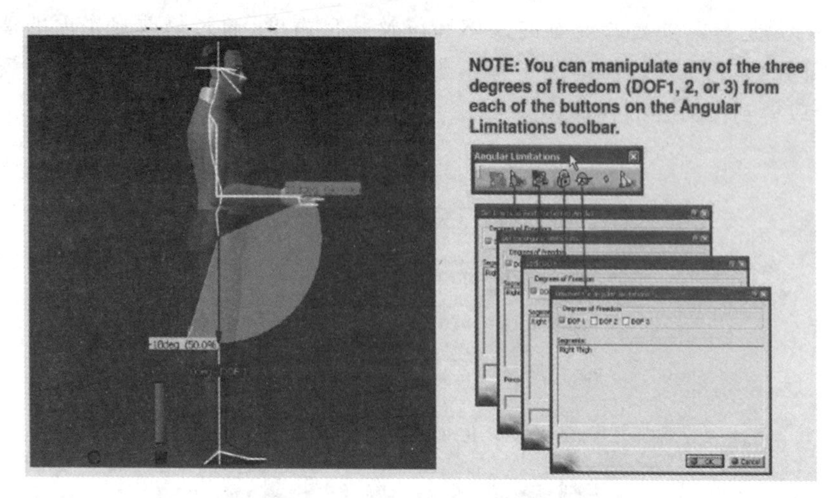


图 3-9　人体模型运动分析实例

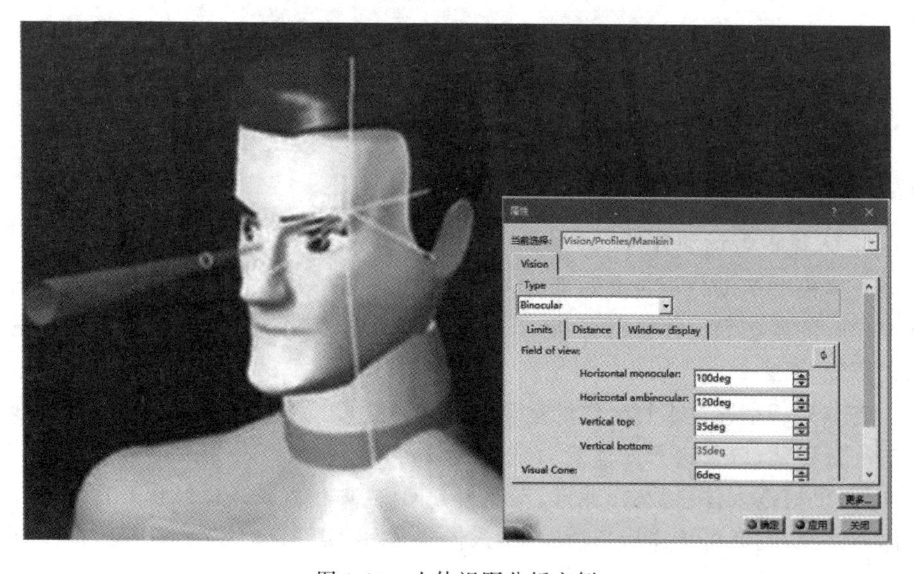


图 3-10　人体视野分析实例

(2) 通过编辑人体模型状态，模拟显示操作者的视野范围。

(3) 编辑视野窗口的显示状态。

(4) 分析并验证完成当前装配操作的可视性。

**5. 人机任务仿真**

人机任务仿真是在包括产品、工艺、资源的装配仿真环境中，以装配工艺流程为主线，根据工人的实际工作创建如行走、移动到某一姿态、拿起或放下物体、上台阶、结合机构工作等动作，分析人工作时与所操作产品和所涉及工装、工具等的关系，如图 3-11 所示。

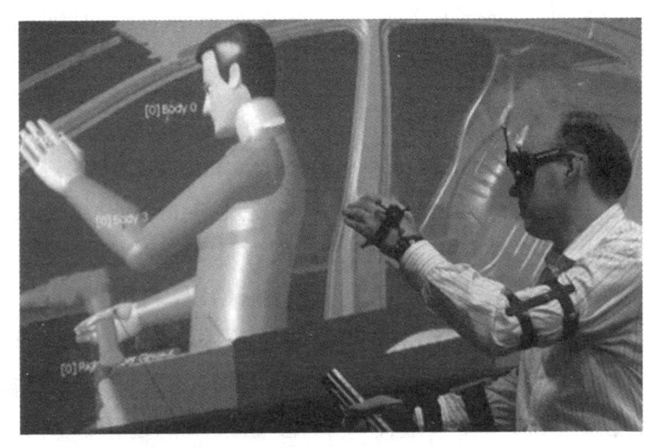

图 3-11　人机任务仿真实例

利用数字化环境中的任务仿真工具，指定工人完成某个装配操作过程中的作业行为、行走路线和工作负荷，对各种典型作业姿态和装配行为进行模拟及定性定量分析，并在此基础上准确地评估工艺和工装的人机性能及工人的劳动生产率。为了减少人机工效仿真的工作量，仅对作业环境恶劣、劳动强度大的人机任务进行仿真。

**6. 人机工程仿真结果分析与处理**

应用人机工程主要可以完成以下分析：①可视性检验，即主要检查产品零部件是否因为装配次序不同、装配路径不同、装配工艺布局不同而导致装配时待装配零件的位置不可见。②可达性检验，即主要考察工人的身体或肢体是否能到达装配位置。③可操作性检验，即主要检查是否因为装配序列、装配路径、装配工艺布局不同而导致零部件不在装配操作的范围内，或作业空间小、零件重量不便于工人操作等。④舒适性检验，即主要检查工人承受的负荷及操作时间(次数)是否容易使工人疲劳。⑤安全性检验，即主要检验工人操作过程中的安全隐患。

在人机工程仿真过程中，若发现工艺设计中与人相关的错误，如装配顺序导致的工人操作空间不足或操作对象不可视等，应及时对工艺设计进行修改；若发现工装设计中与人相关的错误，如工作梯高度不对、工作梯台面间距不合理或工装设计的定位器阻挡了工人操作的通路等，应及时对工装设计进行修改；若发现工艺布局中与人相关的错误，如工艺布局导致的装配对象不可视、装配操作不便、安全性低等，应及时对工艺布局进行修改。

## 3.2.4　现场可视化与数字孪生

现场可视化在我们的生活和工作中无处不在，最常见的无疑就是交通信号灯，只要看到信号灯，每个人在一秒钟内就可以做出行或停的判断，如果以文字或任何别的方式在现场表达这项交通法规，都无法让人在如此短的时间内做出判断。例如，在飞机装配领域，工人通过现场可视化能够清晰的对装配状态进行实时掌控，以保证装配作业的稳步进行。

**1. MES 的内涵**

制造执行系统(manufacturing execution system，MES)作为连接企业计划管理系统和过程控制系统的桥梁，是位于上层的企业资源管理与底层的过程控制系统之间的面向车间层的管理信息系统。MES 通过传递信息来优化从订单启动到货物完成的各项生产活动。当工厂活动发生时，MES 利用当前的、准确的数据对其进行指导、展开、响应和报告。由此产生的对条件变换的快速响应能力，以减少非增值活动为中心，指挥着有效的工厂操作和流程。因而 MES 提高了运营资产、按时交付、库存运转、毛利润和现金流等利益，通过双向通信提供关于整个企业生产活动和供应链的任务的关键信息。

MES 的主要功能包括操作/详细调度、资源分配和状态管理、生产单元分配、过程管理、人力资源管理、维护管理、质量管理、文档管理、产品跟踪和产品谱系管理、性能分析和数据采集。

**2. 现场可视化技术**

现场可视化技术是数字化装配技术的重要组成技术之一，它是通过软件开发技术、计算机集成技术和网络技术建立的从企业数据中心到车间装配现场的网络化系统平台。此系统能生动、直观地展示产品的制造过程，可以将生产工艺、人员、设备、工装夹具等资源信息有效地集成，通过界面直观地显示产品的几何模型、设计结构关系和工艺结构关系，显示装配的仿真过程，显示与仿真过程相应的装配操作说明等，让工人依照系统进行操作，从而能够准确、快速地查阅装配过程中需要的信息，提高装配的准确性和装配效率，缩短装配周期。装配可视化技术主要包括装配过程可视化、产品装配结构轻量化模型可视化、装配工艺数据可视化等。

装配过程可视化是将仿真结果转换为演示文件，通过网络发布在各个装配车间或工段，同时还可以指导产品三维模型装配，用于指导现场装配工人进行生产。

产品装配结构轻量化模型可视化是辅助装配工艺人员在装配过程中遇到结构模糊或不清楚的结构时，实施可视化查询的有效途径。

装配工艺数据可视化是指将产品相关数据中的源数据和工艺数据进行处理，例如工艺报表、工艺路线统计等，将工艺数据文件以表格、图示化、可视化、HTML、Word 等多种格式显示在可视化平台上。装配现场的可视化系统看板如图 3-12 所示。

**3. 数字孪生技术**

数字孪生技术是智能制造发展的方向，通过工业互联网、大数据、建模工具、仿真软件、可视化手段等，可实现物理世界与虚拟世界的互联互通，能够在虚拟世界中事先模拟各类场景，然后将最优化的结果应用于现实世界，以更低的成本获得更

图 3-12 装配现场的可视化系统

高的效益,数字孪生技术的构架如图 3-13 所示。数字孪生分为产品孪生、生产孪生和运维孪生,分别模拟产品研发中的各类测试、制造工艺的模拟仿真、生产线的模拟仿真和实际生产过程的实时监控、产品上市以后的运行状态等。

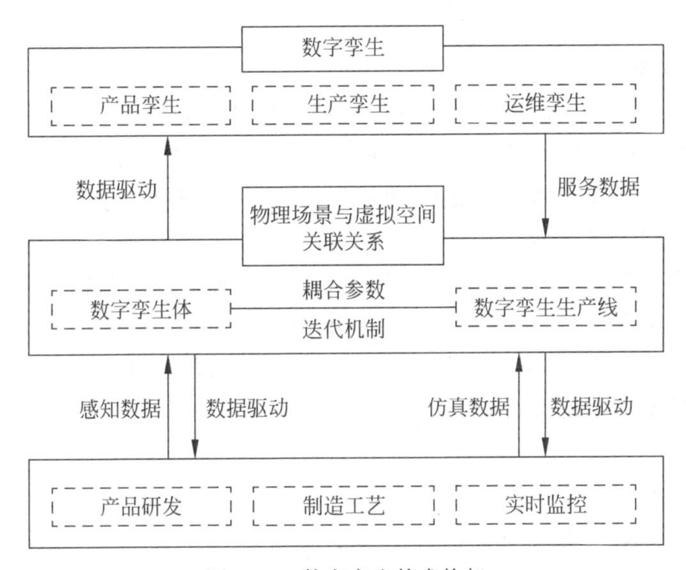


图 3-13 数字孪生技术构架

## 3.3 装配工艺容差

复杂产品制造技术难度大,工程艰巨,协作面广,误差传递链较长,各部件、零件之间必须具有良好的协调性。以飞机产品为例,其装配是一个多层级装配的过程,各个零部件之间关联程度较大,尺寸传递关系较为复杂,必须构建合理的尺寸链传递系统。由于制造误差及装配误差的存在,随着误差在尺寸链上的累积,会直接影响装配质量。若装配容差设计不合理,一方面难以满足装配准确度的要求;

另一方面将导致返工或修改，造成一次装配成功率降低，进而浪费人力、时间等。因此，怎样去设计容差，并选择合理的装配方法，是保证产品研制成功的关键。

### 3.3.1 装配协调

由于产品气动力学性能和后续装配的要求，在装配过程中会就部件的关键特性提出装配准确度的要求。装配准确度的高低会对产品的使用寿命产生直接影响。在大型产品的装配过程中，不可避免地使用大量工装来保持装配部件的形状。所以除了零部件的制造准确度外，装配准确度在一定程度上也取决于装配型架的准确度。

如果一味提高制造准确度来保证零部件配合面之间的尺寸和形状准确度，不仅在技术上难度较大，而且还不经济。同时，实际制造中有些零部件配合面之间的尺寸和形状的协调准确度要求往往比自身的制造精确度更高。如果两者之间的协调误差过大，则会造成两者无法装配或者即便强迫装配后，也会在部件中产生较大的内应力，影响部件的使用和寿命。

**1. 对装配准确度的要求**

产品装配好以后应达到规定的各项性能指标要求，比如操作性能、强度、刚度等。产品装配的准确度除了对产品的各种性能产生直接影响外，还会影响产品的互换性能。为了保证产品的质量，一般对装配的准确度提出以下几点要求。

1) 空气动力外形准确度

空气动力外形准确度包括外形准确度和外形表面光滑度两种。

(1) 外形准确度。外形准确度是指装配后的实际外形偏离设计给定的理论外形的程度。对于飞机、汽车等产品，其外形的准确度要求较高(图 3-14)。外形准确度主要通过外形波纹度误差来衡量：

$$\Delta\lambda = H/L \tag{3-1}$$

式中 $H$——两相邻波峰与波谷的高度差，单位为 m；

$L$——波长，单位为 m。

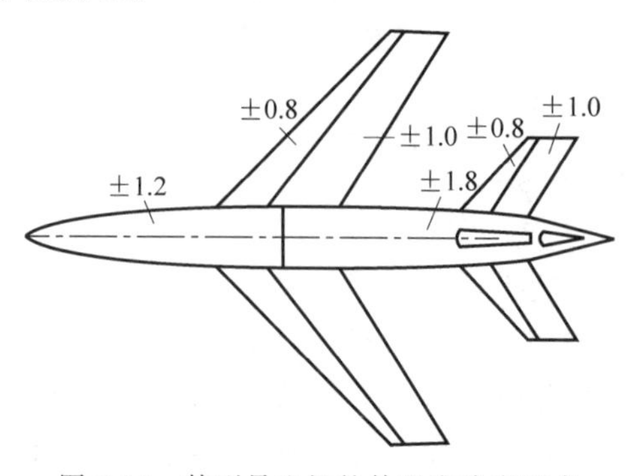


图 3-14 某型号飞机的外形准确度要求

(2) 外形表面平滑度。外形表面的局部凸起或者凹陷对产品的动力性能也有影响，因此对外形表面上的铆钉头、螺钉头、对缝的阶差等局部凹凸不平度均有一定的要求。

2) 各部件之间对接的准确度

各部件之间对接的准确度取决于各部件对接接头之间和对接接头与外形之间的协调度要求。为了保证各个部件的互换性及部件对接时不致因接头之间尺寸不协调采用强迫连接而在结构中产生过大的残余应力，对各部件对接接头的配合尺寸和对接螺栓孔的协调准确度提出了比较严格的要求。

3) 部件内各零件和组合件的位置准确度

部件内各零件和组合件的位置准确度一般容易保证。以飞机为例，要求大梁轴线位置允差和不平度允差一般为±0.5～±1.0mm，翼肋和隔框轴线位置允差一般为±1.0～±2.0mm，长桁轴线位置允差一般为±2.0mm。

**2. 制造准确度和协调准确度**

1) 制造准确度

零件、组合件或部件的制造准确度是指它们的实际形状和尺寸与图纸上所定的公称尺寸相符合的程度，符合程度越高，则制造准确度越高，即制造误差越小。

2) 协调准确度

协调准确度是指两个相配合的零件、组合件或部件之间配合部分的实际形状和尺寸相符合的程度，这种相符合的程度越高，其协调准确度越高。一般的机械产品在制造过程中首要的就是保证协调准确度。为保证零件、组合件和部件之间的协调准确度，通过模线、样板和立体标准装备工业(如标准量规和标准样件等)建立起相互联系的制造路线。在零件制造和装配中，零件和装配件最后形状和尺寸的形成过程是先根据图纸通过模线、样板和标准工艺装备制造出模具、装配夹具，然后再制造零件和进行装配等一系列形状和尺寸的传递过程。下面以飞机为例，讲解装配过程中对协调准确度的要求。

在飞机装配中，对协调准确度的要求包括以下两个方面。

(1) 工件与工件之间的协调准确度。如果工件与工件之间配合表面的协调误差大，在配合表面之间必然存在间隙或者过盈，或者螺栓孔的轴线不重合，在连接时则形成强迫连接，连接后在结构中会产生残余应力，影响结构的强度。

(2) 工件与装配夹具之间的协调准确度。为了保证飞机装配的准确度，重要的组合件、板件、段件和部件一般是在装配夹具(型架)中进行装配。进入装配的各零件和组合件在装配夹具中是以定位件的定位面(或孔)定位的。如果工件和定位件的定位面(或孔)的协调误差大，在装配时通过定位夹紧件的夹紧力使工件与定位件的定位面贴合，在工件内同样会产生内应力。

**3. 提高装配准确度的补偿方法**

在实际的制造和装配过程中，由于各个部件是根据设计模型独立制造和组合的，因此它们之间的结构尺寸也是相互独立的。零件从制造到装配的整个过程，经历了从图纸、样板、模具、成品这一漫长的生产周期，零件的最终形状和尺寸也随着这一过程完成形状和尺寸的传递。但是这一传递过程中，各部件在制造过程中会产生制造误差，在组件装配协调过程中会产生协调误差，而以上产生的两种误差都将累积到当前的装配阶段，对目标部件的可装配性和装配质量产生影响。一般希望进入装配各阶段的零件、组合件及部件具有生产互换性。但对于某些复杂零件，在经济上是不合理的，技术上也难以达到，因此在装配过程中，需要采用一些补偿方法来提高装配的准确度。目前，常用的补偿方法有工艺补偿方法和设计补偿方法两种。

1）工艺补偿方法

（1）修配。在制造中，有对准确度要求高的配合尺寸，在零件加工时，用一般的加工方法难以达到要求时，或者在零件加工时虽然能达到要求，但是在装配过程中由于有装配误差，在装配后难以达到给定的要求时，可以在装配时采用相互修配的方法来达到。由于修配工作一般是手工操作，在相互修配时，有时要反复试装和修配，工作量比较大。而且，相互修配的零件或部件不具有互换性。因此，在成批生产中应尽量少用修配的方法。

比如在飞机装配时，飞机外蒙皮之间的对缝间隙有时要求比较严格，甚至有时要求对缝间隙小于1毫米。因机身和机翼蒙皮的尺寸一般比较大，有的长达5米甚至20余米，如果单靠零件制造的准确度来保证这些蒙皮对缝间隙，在技术上是难以做到的。解决方法：制造蒙皮时，在蒙皮的边缘处留有一定的加工余量，在装配时对蒙皮的边缘进行修配，最后达到蒙皮对缝间隙的要求。在修配时，通过试装，按蒙皮对缝间隙要求确定修配余量大小，然后去掉加工余量。为使整个蒙皮对缝能够达到要求的间隙，有时需要多次反复试装和锉修，而且修配工作量多属于手工操作，故手工工作量大。对于起落架护板、舱盖和舱门的边缘、长桁端头等，有时为了保证配合或间隙要求，也采用相互修配的方法。

（2）装配后精加工。在装配中，对准确度要求比较高的重要尺寸（一般为封闭环尺寸），因零件加工和装配过程中误差积累的结果，在装配以后达不到所要求的准确度。若采用相互修配的方法，不但手工劳动量很大，而且达不到互换要求。为了减少手工修配工作量并使产品达到互换要求，应采用装配后进行精加工的工艺补偿方法。

例如歼击机的前机身与机翼和前起落架用叉耳式接头进行连接，各部件上这些叉耳接头螺栓孔的位置尺寸准确度和配合精度要求都比较高，并且要求部件之间具有互换性。为了最后能够达到这些要求，在零件加工和装配过程中，各叉耳接头上的螺栓孔均留有一定的加工余量，在部件装配好以后再对接头螺栓孔进行最后的精加工,以消除零件加工和装配过程中产生的积累误差。

2）设计补偿方法

设计补偿是从产品的结构设计方面采取的补偿措施,以保证产品的准确度。常用的设计补偿方法有垫片补偿、间隙补偿、连接补偿件及可调补偿件等。

（1）垫片补偿。垫片补偿是制造中经常使用的补偿方法,用以补偿零件加工和装配过程中由于误差累积偶然产生的外形超差,或用以消除配合零件配合表面之间由于协调误差所产生的间隙。

（2）间隙补偿。间隙补偿也是制造中常用的补偿方法。间隙补偿常用于叉耳对接配合面,或用于对接螺栓和螺栓孔。

（3）连接件补偿。为了减少零件之间的协调问题和强迫连接,并便于保证装配准确度的要求,在结构设计时,往往在重要零件或组合件之间的连接处增加过渡性的连接角材或连接角片,这些连接角材或角片可起到补偿协调误差的作用。

连接件补偿在飞机设计中比较常见,比如在机翼上,翼肋中段两端若通过弯边直接与前、后梁相连接,当装配时在翼肋弯边和前、后梁腹板之间必然会出现间隙或紧度而形成强迫装配。因此,机翼的翼肋中段与前、后梁一般是通过连接角材相连接的,如图3-15所示。连接角材一方面有加强前、后梁腹板的作用,另一方面又有补偿协调误差的作用,避免翼肋中段和前、后梁之间出现不协调和强迫装配的问题。当然,在装配过程中连接角材应先装在梁组合件上,而不能先装在翼肋中段上,否则,连接角材就起不到补偿作用。

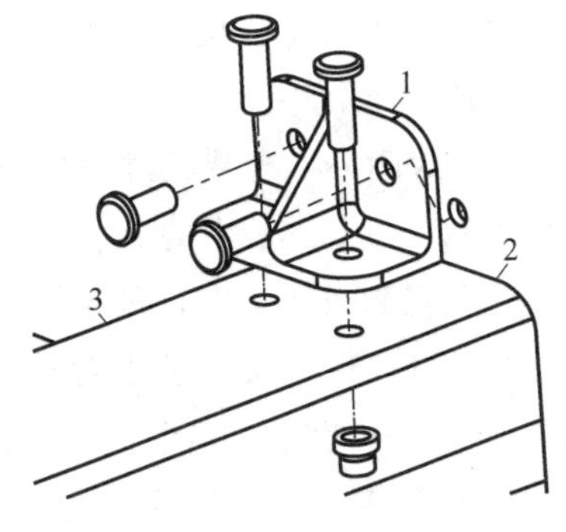


1—连接角片；2—翼肋腹板；3—长桁缘条。

图3-15　飞机翼肋连接

（4）可调补偿件。上述各种工艺补偿和设计补偿方法是在装配过程中用来补偿各种误差的,在装配好以后一般不能再进行调整。而可调补偿件的特点是在装配好以后或在使用过程中,仍然可以方便地进行调整。根据需要,可调补偿件可采用各种结构形式,如螺纹补偿件、球面补偿件、齿板补偿件、偏心衬套及综合采用各种补偿形式的补偿件等。

## 3.3.2　装配尺寸传递

### 1. 装配尺寸链

尺寸链理论在机械设计、制造及性能和质量分析中有着广泛的应用,特别是在飞机制造系统中,尺寸链分析计算显得尤为重要。例如,在飞机装配过程中应用尺寸链原理的目的是把装配质量要求和零件制造误差联系起来,一方面由零件制造误差研究分析装配体的质量能否保障；另一方面，根据装配体的装配质量要求，适当修正各个零件上有关尺寸的制造容差。

1）尺寸链的基本概念

尺寸链是指在机器装配或零件加工过程中，互相联系的尺寸形成的封闭尺寸组。而在产品的装配过程中，由于零件本身存在制造误差和夹具、型架产生变形误差，在装配中形成装配误差积累，最终反映在装配过程中，形成了封闭环组，如图 3-16 所示。

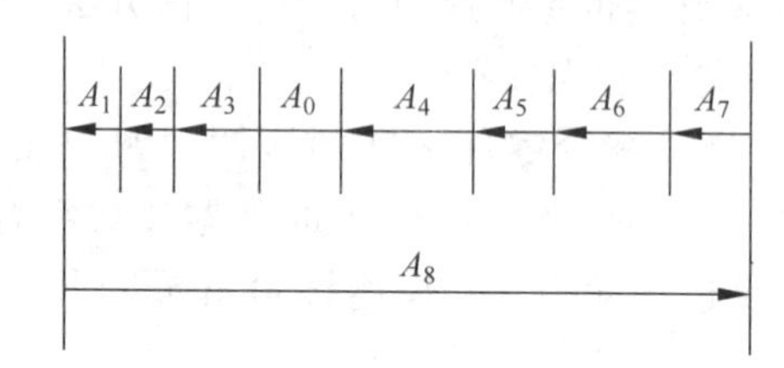


图 3-16　某汽车产品挡风玻璃尺寸链

尺寸链中的每个尺寸称为尺寸链的环，按不同性质分为封闭环和组成环，其定义和性质如下。

（1）封闭环。在装配过程中最后形成的环称为封闭环。通常用下标为“0”的字母表示，如图 3-16 中的 $A_0$。封闭环是其他尺寸间接形成的最终环，组成环的误差必然积累到封闭环上，所以封闭环的误差是所有组成环误差的综合。

（2）组成环。尺寸链中对封闭环有影响的全部环都称为组成环。通常用下标“1，2，3，…”表示，如图 3-16 中的 $A_1$、$A_2$、$A_3$ 等。组成环误差的大小由加工方法和加工设备决定，不受其他环的影响。按照对封闭环的影响，组成环又分两种：

① 增环。某一组成环的变化引起封闭环同向变化，即当其他组成环不变时，该环增大封闭环也增大，该环减小封闭环也减小，则该环为增环，如图 3-16 中的 $A_8$。

② 减环。某一组成环的变化引起封闭环的反向变化，即其他组成环不变时，该环增大封闭环减小，该环减小封闭环增大，则该环为减环，如图 3-16 中的 $A_1 \sim A_7$。

根据图 3-16 及上述内容，我们可以清晰地看出尺寸链具有两个基本特征：

① 封闭性，即全部相关尺寸依次连接构成封闭的尺寸组，这是尺寸链的形式。

② 精度相关性，即任一组成环的变动都直接导致封闭环的变动，这是尺寸链的实质。

2）尺寸链自动生成技术

尺寸链自动生成技术是计算机辅助公差设计的基础工作，在产品的设计阶段，通过尺寸链生成的尺寸链设计函数是后续公差分析和公差综合的基础，在产品的装配阶段，封闭环一般代表了间隙或者装配要求，通过尺寸链技术可以控制分析产品精度；在工艺设计阶段，在工艺尺寸链生成的加工方程的基础上，解决零件工艺尺寸、定位尺寸与基准尺寸的精度问题。

装配尺寸链自动生成就是在计算机表达尺寸和公差信息的基础上，利用计算机自动建立封闭环和组成环之间的设计函数，为后续的计算机辅助公差分析和综合奠定基础。主要有以下几种自动生成方法。

(1) 基于CAD模型的三维尺寸链自动生成方法。该方法从定义装配性能特征入手，首先对CAD装配模型进行深层次的解析及预处理，以获取隐含在模型内部的公差分析所需的信息。其次利用图论理论，通过构建特征-尺寸邻接矩阵、特征-装配约束关系邻接矩阵、装配关系传递图等，将装配体中参与装配的零件和特征及其之间的装配约束关系、尺寸及形状等信息传递过程以图的形式进行表达。最后将三维尺寸链分为显式和隐式两类，对于显式尺寸链，由装配关系传递图搜索连通通路可直接获取尺寸链图和方程；对于隐式尺寸链，提出了尺寸方向差异度的概念、封闭环方向优先的搜索策略及构建过渡尺寸链的方法，最终可获取尺寸链图和方程。

(2) 基于信息单元的装配尺寸链自动生成技术。通过建立层次化的装配模型，提出并建立了尺寸及公差信息单元、装配约束信息单元，同时对公差信息进行了规范化处理；在此基础上，基于信息单元间几何特征的关系构建了装配关系传递图，在考虑搜索优先级的基础上实现了装配尺寸链的自动生成。

(3) 基于图论的装配尺寸链自动生成技术。首先建立四层结构的装配精度信息模型，并对公差信息进行规范化处理和约束信息转化，在此基础上获得几何公差特征矩阵和装配特征关联矩阵，其次采用图论建立装配体有向图模型并剔除与装配精度无关的有向图的顶点和边，最后利用最小路径原理实现装配尺寸链的自动生成。

(4) 基于装配约束的尺寸链自动生成技术。依据零件间装配定位约束的不同，建立SDT(small displacement torsor)模型的表示模型和作用模型，改进装配有向图，在有向图中添加了基准约束信息。基于改进有向图，建立主尺寸链及辅助尺寸链的装配约束关联矩阵，通过最短路径及对关键特征的自动搜索实现尺寸链的自动生成。

3) 实例分析

以图3-17所示的减速器输出端为例，用基于装配约束的尺寸链自动生成技术进行有向图的建立，实现满足功能要求的装配体尺寸链的自动生成。

依据装配体零件间的装配约束关系解析见表3-2。

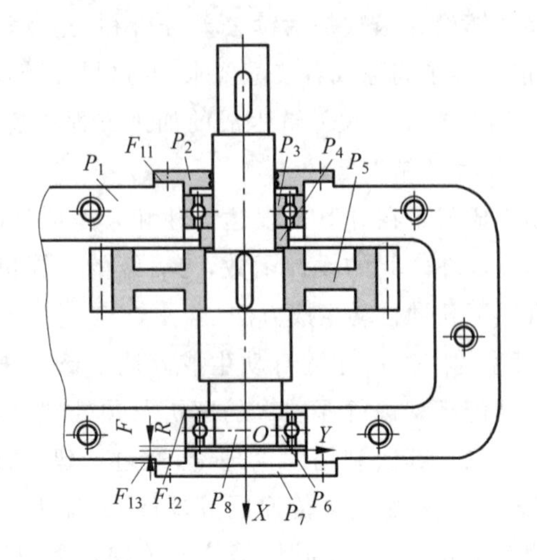


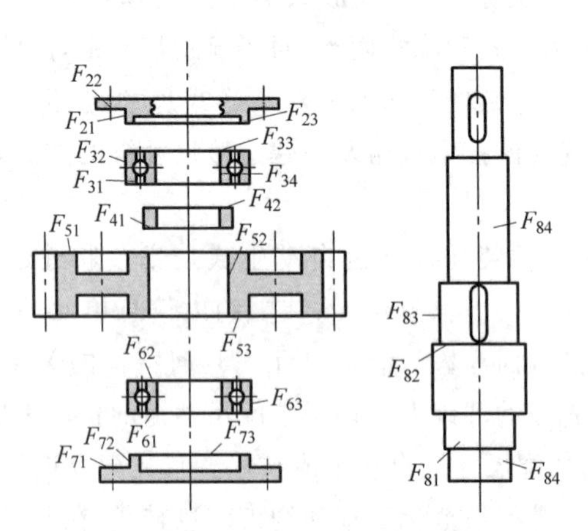


$P_i$—装配体中第 $i$ 个零件；$F_{ij}$—装配体中第 $i$ 个零件上的第 $j$ 个特征。

图 3-17　减速器输出端

**表 3-2　特征装配信息**

| 下位零件 | 装配接触 | 约束编号 | 配合特征类型 | 连接方式 | 表示模型 | 作用模型 |
|---|---|---|---|---|---|---|
| $P_1$ | $F_{11}-F_{22}$ | 1 | $C_P$-$C_P$ | 主连接 | $\mu,\beta,\gamma$ | $\mu,\beta,\gamma$ |
| | $F_{12}-F_{21}$ | 9 | $C_C$-$C_C$ | 次连接 | $\nu,w,\beta,\gamma$ | $\nu,w$ |
| | $F_{12}-F_{32}$ | 10 | $C_C$-$C_C$ | 主连接 | $\nu,w,\beta,\gamma$ | $\nu,w,\beta,\gamma$ |
| | $F_{12}-F_{63}$ | 11 | $C_C$-$C_C$ | 主连接 | $\nu,w,\beta,\gamma$ | $\nu,w,\beta,\gamma$ |
| | $F_{12}-F_{72}$ | 8 | $C_C$-$C_C$ | 次连接 | $\nu,w,\beta,\gamma$ | $\nu,w$ |
| | $F_{13}-F_{71}$ | 7 | $C_P$-$C_P$ | 主连接 | $u,\beta,\gamma$ | $u,\beta,\gamma$ |
| $P_2$ | $F_{23}-F_{33}$ | 2 | $C_P$-$C_P$ | 次连接 | $u,\beta,\gamma$ | $u$ |
| $P_3$ | $F_{31}-F_{42}$ | 3 | $C_P$-$C_P$ | 主连接 | $u,\beta,\gamma$ | $u,\beta,\gamma$ |
| | $F_{34}-F_{84}$ | 12 | $C_C$-$C_C$ | 主连接 | $\nu,w,\beta,\gamma$ | $\nu,w,\beta,\gamma$ |
| $P_4$ | $F_{41}-F_{51}$ | 4 | $C_P$-$C_P$ | 次连接 | $u,\beta,\gamma$ | $u$ |

续表

| 下位零件 | 装配接触 | 约束编号 | 配合特征类型 | 连接方式 | 表示模型 | 作用模型 |
|---|---|---|---|---|---|---|
| $P_5$ | $F_{53}-F_{82}$ | 13 | $C_P$-$C_P$ | 次连接 | $u,\beta,\gamma$ | $u$ |
| $P_8$ | $F_{83}-F_{52}$ | 5 | $C_C$-$C_C$ | 主连接 | $\nu,w,\beta,\gamma$ | $\nu,w,\beta,\gamma$ |
|  | $F_{81}-F_{62}$ | 6 | $C_P$-$C_P$ | 次连接 | $u,\beta,\gamma$ | $u$ |

（1）根据装配模型中装配层、零件层、特征层及约束信息层建立减速器输出端的装配有向图，如图3-18所示。有向弧线储存的部分信息见表3-2，例如表3-2中第二行所示的零件$P_1$分别为零件$P_2$、$P_3$、$P_6$、$P_7$的下位零件，也就是装配定位零件，表3-2中$F_{11}-F_{22}$是指零件$P_1$的特征1与零件$P_2$的特征2有配合关系，且配合类型属于平面与平面配合，由于其SDT的作用模型的自由度为三个，所以该连接方式为主连接。

（2）其中，$F_{11}-F_{22}$、$F_{12}-F_{32}$、$F_{31}-F_{42}$、$F_{34}-F_{84}$、$F_{83}-F_{52}$、$F_{12}-F_{63}$、$F_{13}-F_{71}$为第一连接点；$F_{12}-F_{21}$、$F_{23}-F_{33}$、$F_{41}-F_{51}$、$F_{53}-F_{82}$、$F_{81}-F_{62}$、$F_{12}-F_{72}$为第二连接点。

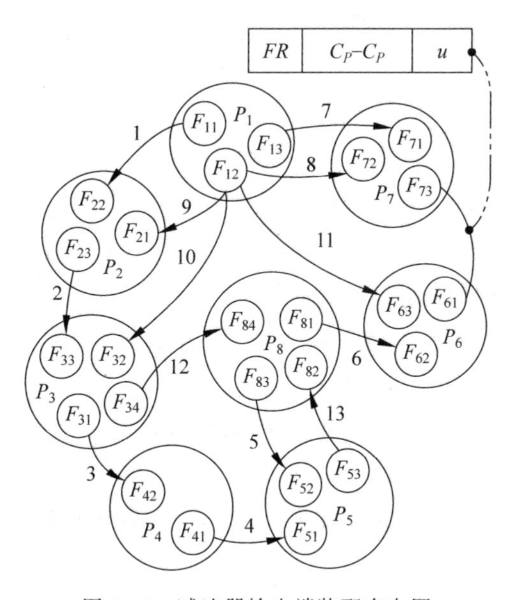


图3-18 减速器输出端装配有向图

提取表3-2和图3-18所示的装配体有向图特征间配合的主尺寸链约束方向信息，即SDT作用模型中的矢量存在$u$的约束编号。依据定义，建立主尺寸链($u$)方向的约束关联矩阵：

$$
\begin{array}{c|cccccccc}
P & P_1 & P_2 & P_3 & P_4 & P_5 & P_6 & P_7 & P_8 \\
P_1 & 0 & 1 & 0 & 0 & 0 & 0 & 7 & 0 \\
P_2 & 1 & 0 & 2 & 0 & 0 & 0 & 0 & 0 \\
P_3 & 0 & 2 & 0 & 3 & 0 & 0 & 0 & 0 \\
P_4 & 0 & 0 & 3 & 0 & 4 & 0 & 0 & 0 \\
P_5 & 0 & 0 & 0 & 4 & 0 & 0 & 0 & 13 \\
P_6 & 0 & 0 & 0 & 0 & 0 & 0 & 0 & 6 \\
P_7 & 7 & 0 & 0 & 0 & 0 & 0 & 0 & 6 \\
P_8 & 0 & 0 & 0 & 0 & 13 & 0 & 0 & 0
\end{array}
\tag{3-2}
$$

提取表 3-2 和图 3-18 所示的装配体有向图特征间配合的副尺寸链约束方向信息，即 SDT 作用模型中的矢量不存在 $u$ 但存在 $\beta$ 的约束编号。依据定义建立副尺寸链($\beta$)方向的约束关联矩阵：

$$
\begin{array}{c|cccccccc}
P & P_1 & P_2 & P_3 & P_4 & P_5 & P_6 & P_7 & P_8 \\
P_1 & 0 & 1 & 10 & 0 & 0 & 11 & 7 & 0 \\
P_2 & 1 & 0 & 0 & 0 & 0 & 0 & 0 & 0 \\
P_3 & 10 & 0 & 0 & 3 & 0 & 0 & 0 & 12 \\
P_4 & 0 & 0 & 3 & 0 & 4 & 0 & 0 & 0 \\
P_5 & 0 & 0 & 0 & 4 & 0 & 0 & 0 & 5 \\
P_6 & 11 & 0 & 0 & 0 & 0 & 0 & 0 & 6 \\
P_7 & 7 & 0 & 0 & 0 & 0 & 0 & 0 & 0 \\
P_8 & 0 & 0 & 12 & 0 & 5 & 6 & 0 & 0
\end{array}
\tag{3-3}
$$

依据矩阵搜索准则自动搜索尺寸链：

① 自动搜索封闭环尺寸链关联矩阵，依据规则搜索得：$A\{M(P_7,P_1,P_2,P_3,P_4,P_5,P_8,P_6),K(7,1,2,3,4,13,6)\}$。

零部件编号：$P_7,P_1,P_2,P_3,P_4,P_5,P_8,P_6$。

装配连接编号：7,1,2,3,4,1,3,6。

② 自动搜索角度尺寸链关联矩阵式(3-2)，依据规则搜索得：$A\{M(P_7,P_1,P_3,P_8,P_6),K(7,10,12,5)\}$。

零部件编号：$P_7,P_1,P_3,P_8,P_6$。

装配连接编号：7,10,12,50。

③ 自动搜索角度尺寸链关联矩阵式(3-3)，依据规则搜索得：$A\{M(P_7,P_1,P_6),K(7,11)\}$。

零部件编号：$P_7,P_1,P_6$。

装配连接编号：7,11。

### 2. 尺寸传递系统

机械产品为了实现预期的功能要求，各个零件之间根据功能需要采取不同的连接方式进行装配，只要两个零件之间存在装配关系，那么两个零件的配合表面对应的尺寸之间就形成了一定的约束关系。同时由于这种配合需要和尺寸约束关系，使得一个零件尺寸的变化必然会引起与其配合的零件尺寸的变化，并一直向下一个零件传递下去。因此，如何正确合理地建立零件间的尺寸约束和传递关系，是变型设计中需要解决的关键问题。

1）尺寸传递原则

在生产应用中，要使两个相互配合的零部件的同名尺寸取得协调，它们的尺寸之间必然存在一定的联系。通常按照以下3种不同的尺寸传递原则进行协调，以保证协调准确度。

（1）独立制造原则。这种协调原则是以标准尺上所定的原始尺寸来开始尺寸传递的。原始尺寸是尺寸传递所发生联系的环节，也被称作公共环节，除此之外的各个环节都是独立进行的，所以被称作独立制造原则。

独立制造原则有一个典型的特点，就是对于相互配合的零件，当按照独立制造原则对其进行协调时，协调准确度实际上要低于各个零件本身的制造准确度。

独立制造原则仅适用于那些形状比较简单的零件，对形状复杂的零件采用相互联系制造原则。在制造中，将那些制造难度大、制造准确度不可能达到很高的环节作为尺寸传递的公共环节，这样就能显著地提高零件之间的协调准确度。对于一些复杂构造的产品，可采用这种原则来保证装配准确度具有特别重要的现实意义。

（2）相互联系原则。当零件按照相互联系制造原则进行协调时，零件之间的协调准确度只取决于各零件尺寸单独传递的那些环节，而尺寸传递过程中公共环节的准确度并不影响零件之间的协调准确度。

如果其他条件相同，采用独立制造和相互联系制造两种不同的协调原则时，即使零件的准确度相同，得到的协调准确度也不同。按照相互联系原则能够得到更高的协调准确度，而且，在尺寸传递过程中，公共环节数量越多，协调准确度也就越高。

（3）相互修配原则。相互修配原则具有更大的联系系数，在一般情况下，按照这种协调原则比按照相互联系原则能够到达更高的协调准确度。

按相互修配原则进行协调，虽然能够保证零件之间有很好的协调性，但不能满足零件互换性的要求，而且修配劳动量大，装配周期长。只有当其他协调原则在技术上和经济上都不合理，而且不要求零件具有互换性时，方可采用这一原则。

2）尺寸传递方法

在产品制造模式中，采用模线样板方法来协调产品的形状和尺寸。这个方法是基于产品相互联系制造的原则，借助有具体形状和尺寸的专门实物样件，从图样传递形状和尺寸到所制造的零件和产品上。原始尺寸形成的一些误差也伴随形状和尺寸的传递而转移，这些误差的积累，最终体现到产品最后的形状和尺寸上。因此，协调路线的设计直接影响产品的制造准确度和协调准确度，协调路线应该满足飞机零部件的互换性，即保证它们主要的几何参数——外形、接头和分离面的互换性。下面以飞机为例，讲解具体的尺寸传递方法及其使用。

在飞机生产中，以模线样板为基础的工件、工艺装备及它们之间在几何形状与尺寸上的传递过程，可归纳为模线样板工作法、模线样板-标准样件工作法、综合工作法 3 种典型的模拟量尺寸传递体系。

(1) 模线样板工作法。模线样板协调的基本原理是以平面模线和外形检验样板作为总的协调依据。用各类样板作为协调依据，通过基准孔和通用坐标设备、光学仪器协调制造与外形有关的各类平面或立体的成形模具，以及各种装配型架等，其协调路线如图 3-19 所示。此种协调方法协调路线短，协调环节少，转换误差小，样板结构简单、易加工，工装制造可平行进行，生产周期短，经济性好；但在制造复杂的曲面工装时误差大，容易产生不协调现象，适用于飞机上外形简单、要求准确度不高的部件或者产量较小的飞机。

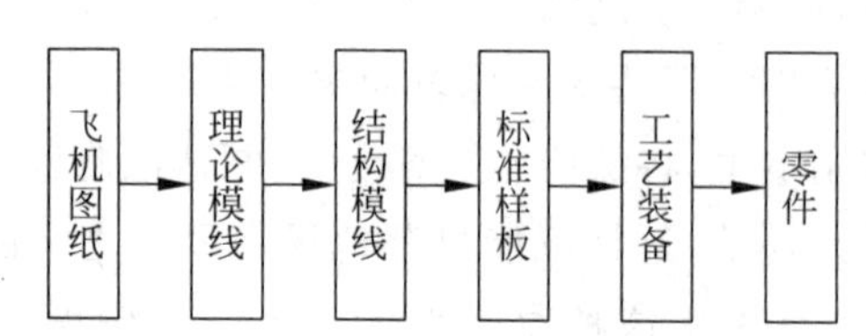


图 3-19 模线样板典型协调图

(2) 模线样板-标准样件工作法。标准样件的协调原理是以模线样板为原始依据，以外形表面样件为总的协调依据。样件的有关部分进行了对合检查，并以此为主要的移形根据协调制造与外形有关的各类工艺装备，其协调路线如图 3-20 所示。标准样件包括了全部要协调的外形接头，外形上所有点是连续的，任何要控制的部位和切面及接头空间位置都由样件保证。此种协调方法使相互联系制造的环节增多，能够减少尺寸形状转换、移形环节误差，提高协调准确度；制造、复制、检修比较简单方便，适用于产量大的小型飞机及形状复杂、协调要求高的大型飞机的小部件。

(3) 综合工作法。综合工作法的协调原理是在模线样板的基础上，结合局部样件，通过型架装配机、划线钻孔台、光学仪器来保证工艺装备的协调性。这种方法具有模线样板工作法和模线样板-标准样件工作法的优点，对于简单的平面零件，可广泛地配合样板制造成形模具；对于复杂的立体结构件，可采用局部样件法制造，并可用来协调型架，实现平行作业，缩短生产周期。

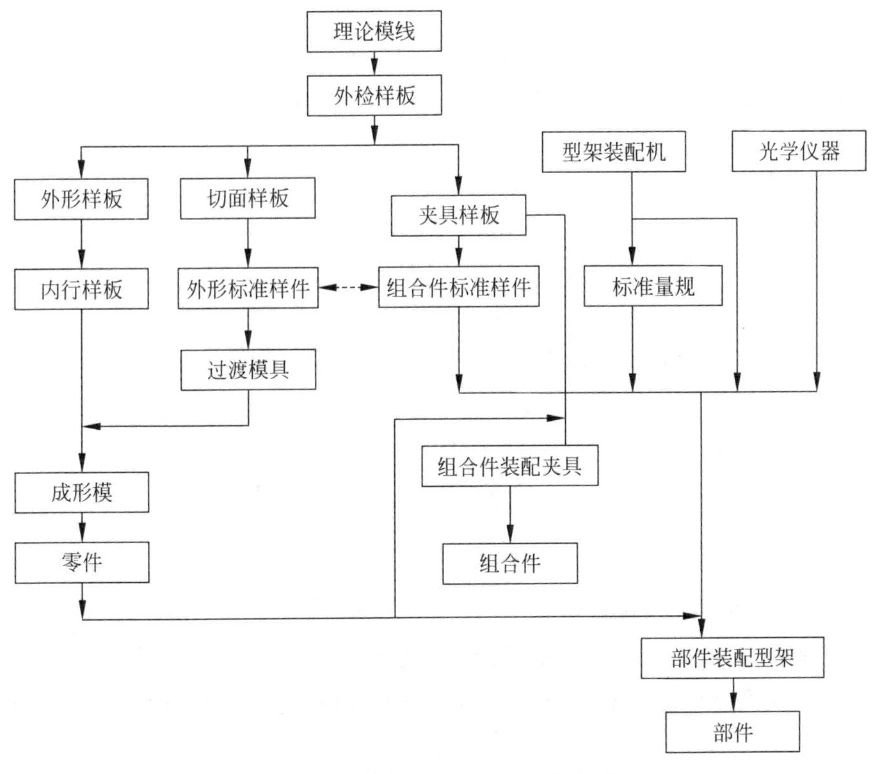


图 3-20　模线样板-标准样件协调图

## 3.3.3　装配容差三维建模

装配模型主要表达两部分信息：①零件及子装配体的实体信息；②零件之间的相互关系信息。因此，为了描述产品装配容差，其模型应该包含3方面信息：装配单元之间的装配层次关系、装配单元之间的装配约束关系和装配体配合容差关系。其中，装配约束关系通常是描述两个装配单元之间存在的装配连接关系，装配连接关系可以采用装配体配合容差关系进行描述，因此装配容差全局模型的装配约束关系可以采用装配体配合容差关系表示。

**1. 装配层次关系表示**

对于机械产品来说，为了满足装配过程的要求，产品结构通常按照设计分离原则和工艺分离原则进行分解，首先分解为部件，部件进一步分解为段件、板件、组合件和零件等。据此分析，产品结构装配过程为：由零件装配形成组件；组件、零件装配形成子部件；子部件、组件、零件装配形成部件；部件、子部件、组件、零件装配形成产品结构，其装配过程是逐层向上且按照一定的装配容差(约束)关系和装配层次关系进行的。

以飞机为例，飞机结构分解可以表示为

$$A = B \wedge C \wedge D \wedge E \tag{3-4}$$

其中，$A$ 表示飞机结构，$B$ 表示部件，$C$ 表示子部件，$D$ 表示组件，$E$ 表示单元，$\wedge$ 表示装配约束关系。

各组分之间遵循式(3-5)：

$$\begin{cases} B = C \wedge D \wedge E \\ C = D \wedge E \\ D = E \wedge E \end{cases} \tag{3-5}$$

零件是最基本的装配单元，其中

$$\begin{cases} B = \{B_1, B_2, \cdots, B_i\} \\ C = \{C_1, C_2, \cdots, C_j\} \\ D = \{D_1, D_2, \cdots, D_k\} \\ E = \{E_1, E_2, \cdots, E_l\} \end{cases}, \quad i, j, k, l = (0, 1, \cdots, n) \tag{3-6}$$

**2. 装配容差全局模型表示**

对于产品装配来说，建立产品装配容差全局模型的步骤如下。

(1) 定义产品中所有零件与容差相关的关键特征，根据容差元的表示方法描述零件的每一个容差。

(2) 根据图论和运算，建立每一个零件的容差模型。

(3) 获取与装配连接关系相关的关键特征，根据容差元的表示方法描述每一个装配配合容差。

(4) 根据图论和运算，对零件容差模型和装配配合容差模型求和，并获得产品装配容差全局模型。

**3. 装配容差模型的矩阵表示**

对于产品装配容差模型，模型的存储是容差分析与优化等后续工作的基础。这里采用邻接矩阵(所谓邻接矩阵是用一个二维数组来表示图中顶点间相邻关系的数据结构)表示法来表示装配容差模型。邻接矩阵使用二维数组，用来表示装配容差模型中的关键特征和容差属性。

(1) 二维数组的二维表示装配容差模型的关键特征。

(2) 二维数组值的定义如下：

$$T[i][j] = \begin{cases} \mathrm{BT}(\mathrm{kf}_i, \mathrm{kf}_j) \\ 0 \end{cases} \tag{3-7}$$

式(3-7)表示关键特征 $\mathrm{kf}_i, \mathrm{kf}_j$ 的容差。其中 $i, j = 1, 2, \cdots, n$；当关键特征 $\mathrm{kf}_i, \mathrm{kf}_j$ 之间存在容差时，$T[i][j] = \mathrm{BT}(\mathrm{kf}_i, \mathrm{kf}_j)$；当关键特征 $\mathrm{kf}_i, \mathrm{kf}_j$ 之间不存在容差时，$T[i][j] = 0$，所以将产品装配容差模型的矩阵定义为

$$
T[n][n]=\begin{array}{c} \\ kf_1 \\ kf_2 \\ kf_3 \\ kf_4 \end{array}\begin{array}{c} \cdot \quad kf_1 \qquad\qquad kf_2 \qquad\quad kf_3 \qquad kf_4 \\ \begin{bmatrix} BT(kf_1,kf_2) & 0 & \cdots & BT(kf_1,kf_n) \\ BT(kf_2,kf_1) & BT(kf_2,kf_2) & \cdots & BT(kf_2,kf_n) \\ \vdots & \vdots & \cdots & \vdots \\ BT(kf_n,kf_n) & 0 & \cdots & BT(kf_1,kf_n) \end{bmatrix}_{n\times n} \end{array} \tag{3-8}
$$

其中,假设 $T[1][2]$、$T[n][2]$的容差属性值为0,即表示关键特征 $kf_1$ 和 $kf_2$ 之间、$kf_n$ 和 $kf_2$ 之间不存在容差。

### 3.3.4 装配容差智能分析与优化方法

#### 1. 容差智能分析

容差是指用于描述几何形状和尺寸变动基准、变动方向和变动量的精度特征,而公差是指允许的几何形状和尺寸的变动量。容差的合理选择、分配与优化控制着产品的性能和生产成本,在产品设计制造中非常关键。容差要求过严,虽然产品精度高,但制造成本会上升;反之,容差要求过松,虽然可降低产品制造成本,但是产品精度可能无法达到设计要求。

容差分析,又叫容差验证,即已知装配零、部件的公差,在装配过程中,因装配件的误差累积,在一定的技术条件要求下,分析与求解装配成功率或闭环尺寸公差的过程。计算结果若达不到设计要求,需要调整各组成环的容差重新计算。

从尺寸链理论的角度来看,容差分析是解决正计算问题,而正计算是从误差来源开始分析,即已知各组成环的尺寸和容差,确定装配完毕的封闭环的尺寸和容差,其目的是审核各组成环按照给定的基本尺寸和上、下偏差加工后是否能满足总的功能要求,即验证设计的正确性。若最终性能未满足要求,需要重新修改各组成环的容差,经过反复试算,直至满足性能要求为止。

1) 容差分析的工作流程

循环迭代是装配容差分析的过程:第一步是定义初始的容差分析基本输入,包括定义飞机设计基准及飞机几何容差要求、工作包设计基准、工作包内部的几何容差要求、工作包界面控制容差要求、零组件设计基准及零组件几何容差要求,提供各级装配件的装配流程及工装原理、工装制造精度、零件制造精度及零组件装配定位精度。第二步是对容差分析进行计算,包括确定具体的容差分析计算目标和执行容差累积计算。第三步是根据容差分析的计算结果来判断是不大于目标要求还是与目标要求相差不大,也就是目标和要求能不能达到和满足,优化输入有没有必要。如果再次进行循环,那就是优化输入有必要,循环是从第一步再开始;如果直接结束公差计算,那就是没有必要优化输入。其流程如图3-21所示。

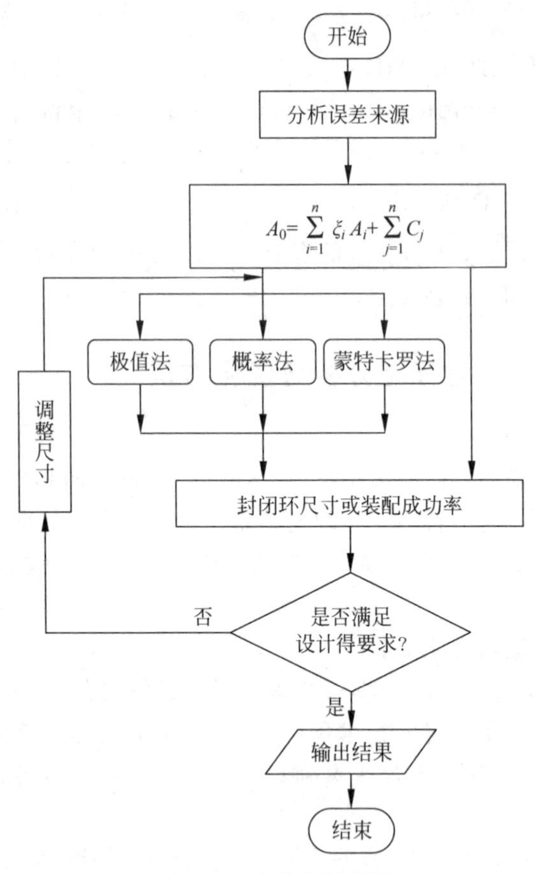


图 3-21 容差分析流程

2）装配容差分析方法

容差分析方法主要有极值法、概率法、蒙特卡罗法、田口实验法和卷积法。这几种方法已经广泛应用于机械行业，分析它们的计算方法对研究数字化条件下的容差分析是非常必要的。

(1) 极值法。极值法的原理是以所有增环为最大极限尺寸，减环为最小极限尺寸来求得封闭环的最大极限尺寸，以所有增环为最小极限尺寸，所有减环为最大极限尺寸来求得封闭环的最小极限尺寸。极值法要求各个零件可以完全互换，装配成功率达到 100%，属于解尺寸链的最简单的方法。极值法没有考虑各个组成环的误差分布，但实际上组成环与封闭环的尺寸误差是随机变量，按照极值法计算会导致组成环容差过小、零件精度很高、制造成本增加。

(2) 概率法。概率法也叫方和根法，是以一定的置信水平为依据，通常以封闭环误差为正态分布的情况为准，取置信水平 $P=99.73\%$，不要求完全互换，只要求大数互换，使用封闭环的统计公差的计算公式求解得出最终结果。方和根法考虑了组成环的误差分布，其在封闭环公差一定的情况下，尽可能地放宽组成环的公差。然而，当置信水平 $P$ 发生改变时，计算会变得困难，这与实际情况相违背。修正的方和根法是根据 Creenwood 等人对修正系数的研究成果，对方和根法的一种改进方法，修正的方和根法的预测值将落在极值法与方和根法的预测值之间。

(3) 蒙特卡罗法。蒙特卡罗法是根据组成环尺寸的实际分布，以精度要求为基础确定随机模拟次数，并在计算机中通过一定的算法生成对应的随机数，然后将样本进行统计处理，最终得到封闭环分布参数的方法。蒙特卡罗法广泛应用于线性尺寸链与非线性尺寸链的公差分析中，可以模拟组成环尺寸为各种分布的情况。但蒙特卡罗法的计算精度与样本量的二次方根成正比，因此需要很大的样本量，样本量的增多直接导致计算时间变长，计算次数需达到几万次以上才能保证计算的精度。

(4) 田口实验法。田口实验法是将各个组成环的尺寸采用三水平进行组合，然后计算出各种组合的设计函数，求出封闭环的四阶中心距，最后通过封闭环的尺寸分布情况确定相应的公差的方法。田口实验法算法简单，但由于组成环尺寸的三水平组合数 $N=3n$($n$ 为组成环的数目)，故要求组成环的环数不能太多，一般组成环的环数应小于 10。田口实验法的最高精度只能达到三阶，因此一些研究人员提出了一种乘积高斯积分方法即改进的田口实验法，其要求组成环的尺寸分布为正态分布，可用于更高阶的公差分析。

(5) 卷积法。卷积法是已知各组成环的概率密度函数，通过解析卷积或者数值卷积的方法理论推导出封闭环的概率密度函数，并通过一定的方法确定其封闭环误差参数的方法。直接用解析卷积法求解得出的封闭环误差参数严格避免了方法误差，只是采用数值卷积法时会出现统计误差。卷积法在理论上适合任何分布的组成环、任何置信水平下的公差分析计算，但是计算过程比较复杂，往往需要借助繁杂的数值积分及高水平的编程技术来实现。

3) 装配容差分析的关键技术

(1) 准确定义设计基准体系。基准从设计、工艺和测量 3 个方面来看可以分为设计基准、工艺基准及测量基准 3 大类。在本书中，如果没有特别说明，一律指的是设计基准。装配容差分析要求对每个对应的产品结构创建基准，形成一个基准体系。为了确定零部件上点、线、面的位置，基准将其在空间里的 6 个自由度锁定，组成了形位公差的重要部分。产品结构部件上标准的几何尺寸和形位公差大部分都有基准要求。定义设计基准有两种常用的方法：第一种方法是创建三基面体系。所谓三基面体系就是第一基准平面的定义是过 3 个点，第二基准平面的定义是两个点和垂直的第一基准平面，第三基准平面定义了一个与第一和第二基本平面垂直的平面。第二种方法是三基面体系的定义，即用一个平面和与该平面垂直的两个孔，则该平面是第一基准平面，其中一个孔是第二基准，过这两个孔的轴线所在的面为第二基准平面；另外一个孔是第三基准，过第二基准孔的轴线同时和第一基准平面及第二基准平面垂直的面为第三基准平面。

几何尺寸和形位公差的功能要求在定义基准前是第一个要考虑的，装配的定位方案对基准是如何要求的及加工工艺对基准的要求如何是接下来要考虑的，除了这两个方面以外，还要考虑测量对基准的要求。设计基准、工艺基准、测量基准尽可能地保持一致，在理想情况下，一套基准既决定了与其他零件的配合关系，又能作为制造和装配的定位基准。基准特征在配合界面处选取可以更好地保证装配良好。

(2) 选择合适的容差累积计算方法。容差累积计算方法按计算方式可以分为利用人工计算和运用软件分析两类。采用人工的方法计算或者借助 Excel 表格等简单工具进行计算的方法都是人工计算法；基于计算机辅助的三维容差分析软件进行计算的是软件分析法。

人工计算法一般基于极值法与均方根法进行计算。软件分析法一般基于蒙特卡罗模拟法进行计算。

对飞机装配容差进行分析时，选用容差累积计算模型时必须考虑几个因素：一是容差累积有几个环节。概率法适用于容差累积环节较多的情况。二是设计要求有多严格，通俗来讲就是愿不愿意承担超差风险。极值法就适用于没有任何失效的情况。三是如果采用极值法已经获得了对整个容差链的理想分析结果，那么就没有采用概率法的必要了，除非是为了进一步降低成本而将容差链子环节的容差要求放宽。

**2. 容差分配**

容差分配是将已知产品装配容差值按一定的准则分配到各零件容差的过程。从尺寸链理论的角度来看，容差分配是反计算问题，反计算是由误差结果进行分析，即已知封闭环容差及各组成环的基本尺寸，在保证产品装配要求的条件下，权衡产品设计精度和制造成本，在一定的优化模型下求出经济合理的各组成环尺寸的容差和极限偏差，其目的是根据总的技术要求来确定各组成环的容差和上、下偏差。

容差分配要解决的问题有两个：一是根据不同方法，确定各组成环的容差；二是求出容差后，确定各组成环的极限偏差。也就是说，容差设计不仅要确定容差带的大小，还要确定容差带的位置。

1) 传统容差分配方法

产品的容差分配方法主要有以下几种。

(1) 等容差法。等容差法是假设各零件按相同的容差加工，对所有组成环分配相等的容差值。该方法是一种容差平均分配法，容易造成大尺寸小容差、加工困难等问题，一般用于粗略估算，且适用条件特殊，不能广泛应用。

(2) 等精度法。等精度法是将待分配容差的全部组成环取相同的容差等级，然后根据标准查出各个组成环的容差因子，最后确定各组成环的容差。该方法仅考虑尺寸对容差的影响，具有一定的片面性，一般用于粗略估计。

(3) 等影响法。等影响法是使各组成环对封闭环具有相同的影响。组成环对封闭环的影响取决于组成环的容差、传递系数及相对分布系数，容差值为三者之积。该方法仅考虑了传递系数和相对分布系数，具有很大的片面性。

(4) 综合因子法。综合因子法是在分配组成环容差时，考虑组成环的加工难易程度、成本等因素，根据工作经验给定各组成环容差的综合因子。

(5) 等工序能力分配法。等工序能力分配法在分配各组成环容差时，使得各组成环具有相等的加工能力。该方法比较接近生产实际，但需要大量统计实验，这给新产品设计带来一些困难。

(6) 最小成本法。最小成本法根据成本与容差的函数关系来决定各组成环容差，理论上可以获得最佳经济效益，但此方法需要提供充足的成本与容差统计资料，通过概率统计方法确定尺寸链中各组成环容差，并使制造成本降至最低。

(7) 线性规划法。线性规划法在很大程度上考虑了制造成本，计算方法比较简单。该方法将容差和成本函数关系进行了线性简化。

2) 基于数字化软件的容差分配方法

容差优化的研究主要是追求成本最小化的容差优化方法。对于复杂产品而言，由于其机构组成多、机构运动关系复杂，容差分配过程的难点在于如何建立尺寸链方程。因此，装配尺寸链的自动生成与求解技术成为关键。

容差分析软件可以与三维建模软件结合，根据用户设定的误差值对装配过程的误差进行仿真分析，并对各个环节的误差组成进行权重分析。其分析结果对容差分配过程具有参考价值。

一般容差分析软件的主要功能包括：

(1) 基于各类国际标准对形位公差进行分析。

(2) 确定装配工序，定义装配中的配合条件和装配方法。

(3) 定义装配过程中的需要测量的关键质量特征。

(4) 根据定义的装配顺序和装配工序，应用蒙特卡罗仿真方法对关键质量特征进行仿真。该仿真技术可以预测零件的公差和装配工序所造成的装配偏差，并估算其对装配偏差的影响比例，同时以影响比例大小进行特征分级。

(5) 根据仿真分析所得到的各容差环节影响比例的大小，使用容差分配方法进行分配，其权重比例为各容差环节影响比例的大小。

关于更多装配工艺的扩展资料可以扫描右侧二维码自行阅读。

中航工业飞机数字化装配技术发展与应用

# 思考题

1. 装配基准的选择应当遵循哪些原则？
2. 装配顺序的确定原则是什么？
3. 制定装配工艺规程的基本原则是什么？
4. 飞机装配准确度的要求主要包括哪些内容？

5. 容差分析的方法有哪些？各有什么特点？

# 参考文献


[1] 何胜强.大型飞机数字化装配技术与装备[M].北京：航空工业出版社，2013.

[2] 冯子明.飞机数字化装配技术[M].北京：航空工业出版社，2016.

[3] 卢圣春.汽车装配技术[M].上海：上海交通大学出版社，2015.

[4] 薛红前.飞机装配工艺学[M].西安：西北工业大学出版社，2015.

[5] 梅中义.基于 MBD 的飞机数字化装配技术[J].航空制造技术，2010(18)：40-45.

[6] 郭具涛，梅中义.基于 MBD 的飞机数字化装配工艺设计及应用[J].航空制造技术，2011(22)：74-77.

[7] 卢鹄，韩爽，范玉青.基于模型的数字化定义技术[J].航空制造技术，2008(3)：80-83.

[8] 邹爱丽，王亮，李东升，等.数字化测量技术及系统在飞机装配中的应用[J].航空制造技术，2011(21)：64-67.

# 第4章

# 典型智能装配方法及装备

对于以飞机为代表的高性能机械产品而言，无论是组件、部件还是大部件的智能装配过程，其主要环节都包括定位、连接和检测。定位通过确定各零件、组件及部件之间的相对位置关系，奠定产品高精度、高性能的基础；连接通过制孔、螺栓连接等工艺手段满足产品长寿命、高可靠性的要求；检测凭借高精度的测量、控制和分析能力，对整个装配过程起到辅助作用。随着数字化、自动化、信息化、网络化和智能技术的发展，智能制造已成为现代制造业新的发展方向，其概念和内涵也在不断发展与丰富，其中智能装配侧重于智能工具的开发和集成，如传感器、无线网络、机器人、智能控制等，以便解决产品种类的多元性及生产的复杂性。为提高关键装配环节的智能化程度，智能柔性装配定位、长寿命连接与智能检测等装配典型方法与相应的装备不可或缺。

## 4.1 高精度柔性定位方法及装备

在对产品部件的装配过程中，对产品性能要求越来越高，只有高定位精度才能实现高装配精度，才能保证产品的高性能。高精度装配定位以数字控制方式对定位件进行支撑和调整，高精度装配平台上的装配定位可采用支撑和吸盘两种形式，支撑和吸盘由计算机控制。对于不同的复杂产品零件、组件、部件位置的确定，一般有两种定位方式：一种是“换挡方式”，即事先设定几种常用的产品零组件形状定位的样式，用换挡方式或计算机的某一选项快速确定制造时所采用的零组件外形定位样式；另一种是“无级方式”，即柔性定位，一般需要激光跟踪仪辅助定位并可能需要样件来检验定位是否准确。无级定位方式采用气压或液压传动的数字化控制系统接收激光跟踪定位仪检测的数据，将装配件调整到正确位置。当前，产品的高精度柔性装配定位主要采用的是“无级方式”。

多点阵真空吸盘柔性工装

关于高精度柔性定位工装介绍的视频可以扫描右侧二维码进行观看。

### 4.1.1 智能装配定位方法

随着科技的快速发展，信息化技术和数字化技术都在高精度产品装配中得到了合理应用，并且高精度产品装配定位技术也得到了快速发展，传统的定位方法已经不能满足高精度产品装配的要求。高精度产品装配定位方法逐渐由采用刚性和手工定位向柔性化和数字化定位过渡。

**1. 智能定位原理及方法**

目前，高精度产品装配过程中，在定位上广泛应用智能定位技术，下面对智能定位原理及方法进行简要介绍。

智能定位原理及方法如图 4-1 所示。

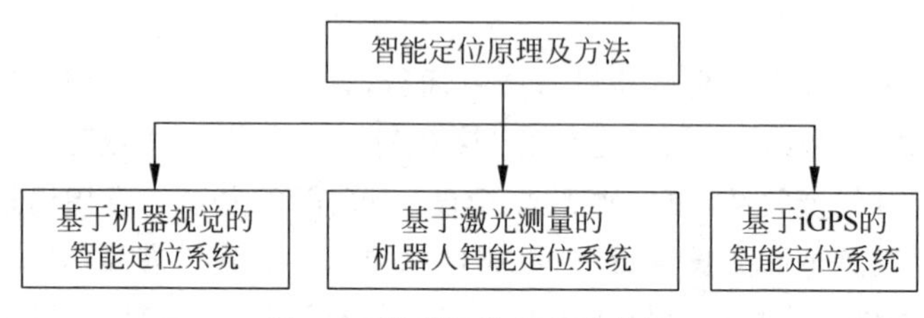


图 4-1 智能定位原理及方法

1）基于机器视觉的智能定位系统

该系统由一套四轴工业机器人和一套机器视觉装置组成，机器视觉系统嵌套在机器人执行机构的末端。其中机器视觉装置分为 4 个部分：①工业光源，提供稳定的照明效果，抗外界光线干扰，有利于后期图像的采集和处理，拟选用条形光源。②工业镜头，要求小畸变高分辨率，这样可以有效地保证视野范围内的高精度，拟选用工厂自动化（factory automation，FA）工业镜头。③工业相机，被测物体对颜色无要求，且速度较低，为了消除颜色带来的影响和降低成本，拟选用高像素的黑白互补金属氧化物半导体（complementary metal oxide semiconductor，CMOS）相机。④工控机，实现图像处理及视觉系统与工业机器人的数据传输和运动控制，拟选用工业机器人配套的控制器。基于机器视觉的智能定位系统组成如图 4-2 所示。

在工业机器人执行机构末端增加一套视觉系统可以实现智能定位。该技术的关键是视觉系统对工件的自动识别定位和工业机器人的坐标标定。整个定位过程主要通过图像采集、图像预处理、系统坐标标定、数据通信和运动控制等过程实现，具体的工作原理如图 4-3 所示。

2）基于激光测量的机器人智能定位系统

该系统将激光雷达与编码器进行融合，规划最优路径，利用卡尔曼滤波定位算法实现机器人智能定位。机器人智能定位系统通过路径规划方法确定最优移动路径，提高移动效率、降低能源消耗。路径规划方法主要包括以下 3 个步骤：对关键点进行标识、对备选路径实施运算、对最优路径进行选取。图 4-4 所示为激光跟踪仪与机器人组合而成的基于激光测量的机器人智能定位系统。

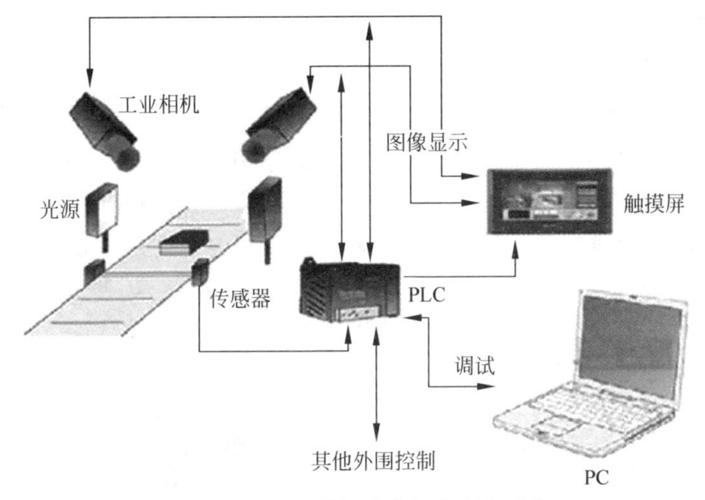


图 4-2　基于机器视觉的智能定位系统

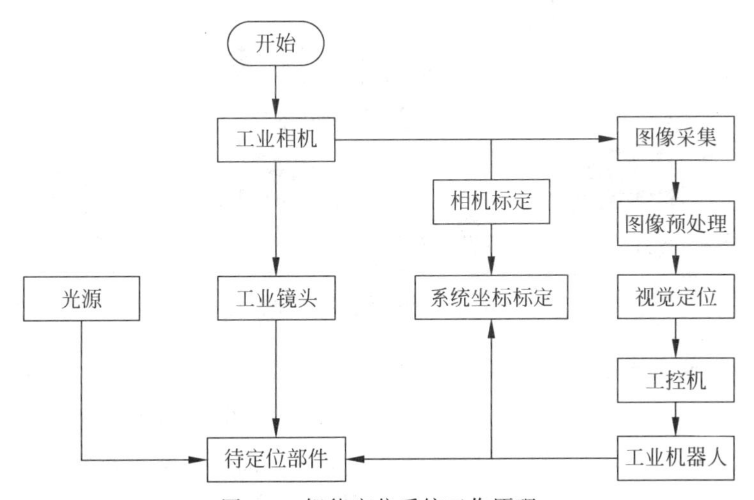


图 4-3　智能定位系统工作原理

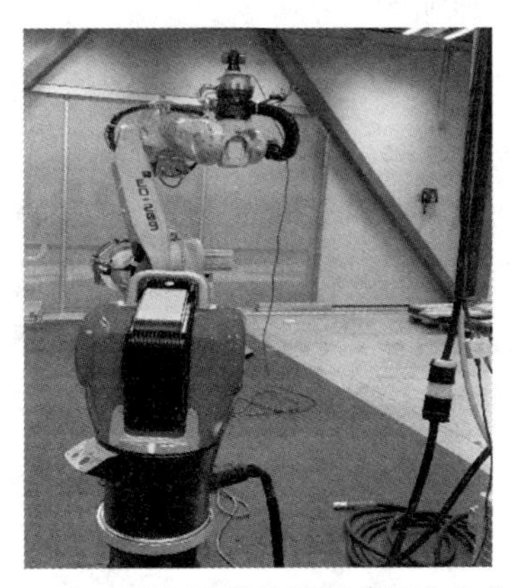

图 4-4　基于激光测量的机器人智能定位系统

3）基于 iGPS 的智能定位系统

室内全球定位系统(indoor global positioning system，iGPS)具有测量范围广，可视化程度高，无须转站即可进行多目标测量、动态测量等优势，具体如图 4-5 所示。iGPS 定位系统是测量域大于 10m 的仪器中精度最高的设备。基于 iGPS 的智能定位系统主要由工业机器人、iGPS 全局定位系统、接触式探针、手持框架和计算机辅助系统等组成。其中接触式探针通过手持框架安装在工业机器人法兰盘末端作为工业机器人的工具端，手持框架上安装 iGPS 接收器，使 iGPS 定位系统可以实时获取工具端的坐标。

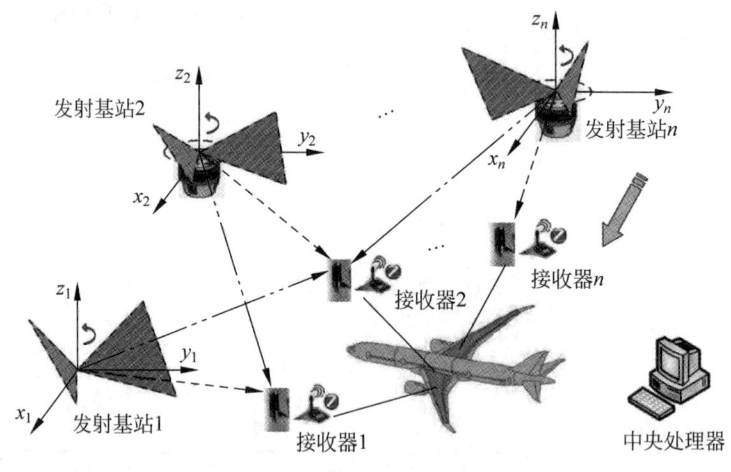


图 4-5　基于 iGPS 的整场测量定位系统

基于 iGPS 的智能定位系统在测量时将被测坐标信息由被测工件实时传递给 iGPS，再通过 iGPS 对机器人工具端位置进行实时跟踪，利用机器人轨迹规划不断调整工具端的位姿，直至测头与被测点重合即完成测量。测量系统的信息获取包含测头中心点与 iGPS 接收器的信息转换、测头与被测点的信息转换及工业机器人的逆运动学分析，其工作原理如图 4-6 所示。

室内定位
技术综述

基于 iGPS 的智能定位系统的更多内容可以扫描左侧二维码观看相关视频。

**2. 典型的航空装配定位方法**

随着计算机技术、自动化技术的快速发展，数字化技术逐步应用到飞机装配定位中，成为提升产品可靠性、疲劳寿命、安全性、可维修性的有效途径。其发展趋势是自动化、柔性化、模块化，以满足飞机装配对装配效率和装配精度的要求。

在飞机装配定位中采用的 3 种数字化装配定位方式见表 4-1。其中柔性定位技术详见 4.1.2 节。

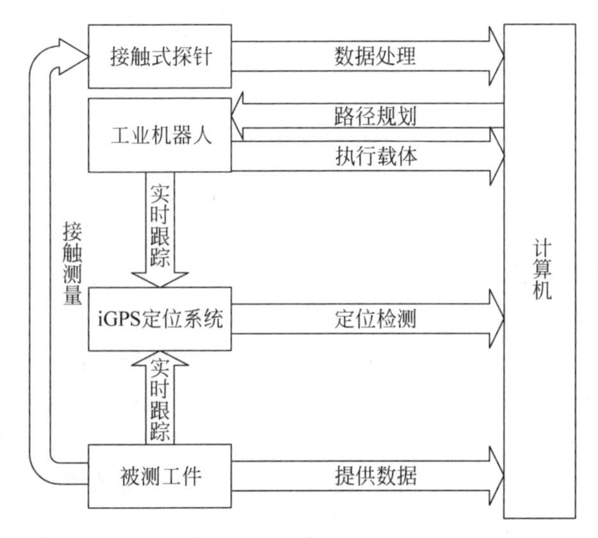


图 4-6　基于 iGPS 的智能定位系统工作原理

**表 4-1　装配定位方式在飞机装配中的应用**

<table>
<tr><th>定位技术</th><th>应用级别</th><th>应用对象</th><th>说　明</th></tr>
<tr><td>数字化定位技术</td><td>部件对接</td><td>机身、机翼交点对接定位</td><td></td></tr>
<tr><td rowspan="2">特征定位技术</td><td rowspan="2">组件、部件装配</td><td>骨架零件定位</td><td rowspan="2"></td></tr>
<tr><td>蒙皮或壁板与机加长桁之间的定位</td></tr>
<tr><td rowspan="6">柔性定位技术</td><td rowspan="5">组件、部件装配</td><td rowspan="3">蒙皮或壁板定位</td><td>修切定位</td></tr>
<tr><td>组合装配定位</td></tr>
<tr><td>在骨架上定位</td></tr>
<tr><td>机翼翼梁装配定位</td><td></td></tr>
<tr><td>具有较高协调要求的骨架零件定位</td><td></td></tr>
<tr><td>部件对接</td><td>机身、机翼等部位定位</td><td></td></tr>
</table>

### 3. 典型的汽车装配定位方法

汽车工业与国民经济发展总体水平的关系密不可分，基于汽车零部件精密装配的自动化生产关键技术研究，以精密零部件的定位和组装问题为中心向汽车工业的其他领域扩展。由于精密零部件的组装线路往往在各种成品和半成品之间循环进行，装配和更换频率都比较快。在这样的情况下，零部件的装配情况不容乐观。因此，需要研究快速和可靠的定位方法，甚至还要提供检测系统，用于确定部件的准确位置，以便通过生产线的研发实现精密零部件的装配。

1）基于机器视觉识别和 PLC 控制的自动装配生产线

设计基于机器视觉识别和可编程逻辑控制器（programmable logic controller，PLC）控制的自动装配生产线，并完成小六轴协作机器人的 PLC 和人机界面控制系统的开发、操作和调试。该工业机器人可以对协调的动作进行模拟和示教，并可以计算和优化机器人在线操作误差补偿的方法。通过2D工程界面和3D模型对汽车零件的装配进行校正，最后将表整理出来，并将车间信息以文本和动画的形式发送到通信系统以显示生产信息的状态，整个组装系统的精度可以完全控制。

基于机器视觉和PLC控制的水果分拣与大小分级包装系统的制作方法

可扫描左侧二维码自行阅读基于机器视觉和PLC控制的水果分拣与大小分级包装系统的制作方法的扩展资料。

2）基于机器视觉成像技术

基于机器视觉成像技术采用光学测量理论、图像处理技术和视觉定位技术来构建精密的零件测量和组装系统，分析和比较图像预处理算法，使用工业相机完成成像、图像处理、模板处理和姿势确认。其中整个光学测量系统主要由相机、激光器及计算机构成，具体如图4-7所示，最后通过三维点云拼接方法将多个视角获取的点云坐标变换到全局坐标系，最终获取到待测目标表面的全部点云数据。成像信息传输控制调整信息的输入和输出与执行指令发布之间的耦合关系，在接收在线装配指令和检测图像识别的过程中，将装配过程信息反馈给机器人进行数据处理，从而实现对机器人操作动作的模拟和控制。

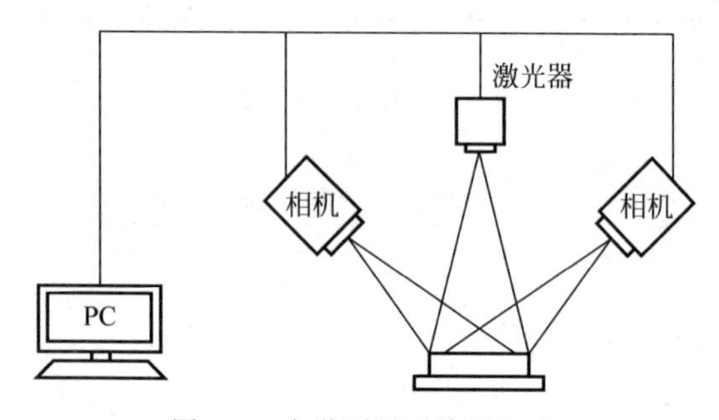


图4-7 光学测量系统的组成

3）基于虚拟样机技术的在线装配指令与检测图像识别

虚拟样机技术，就是利用计算机技术对系统的零部件进行设计、分析，基于三维建模软件和技术得到整体模型，再对产品的各种工况仿真，在虚拟环境下逼真地模拟产品的使用及受力、磨损、失效情况，对产品的整体性能进行预测和评估，以获得最佳产品设计和性能的新技术，具体如图4-8所示。这一技术已经广泛应用于制造行业，并且对社会各个领域带来了重大影响。虚拟样机技术融合了多种现代化技术手段，包括建模方法、管理技术及仿真分析技术等，将虚拟样机技术应用于自动化生产线装配系统的设计中，能够节约成本和提高效率。虚拟样机技术非常关注产品的虚拟化协同工作，能够用于生产线装配的方案论证和概念设计中。生产线装配系统的设计者能够将个人思维与积累的经验应用于其中。虚拟样机突破了传统的生产线装配设计流程，避免了不必要的损失，其基本流程为生产线装配系统的设计—虚拟样机—生产线装配系统的使用，有效地提高了生产线的智能化水平。

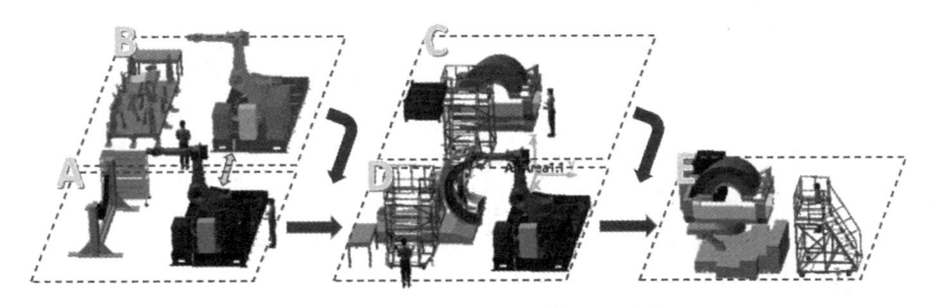


图4-8 基于虚拟样机技术的装配生产线

基于虚拟样机技术,可识别在线组装说明和检查图像,并将标识信息反馈到组装过程以进行质量处理。该技术适合开发用于精密装配的自动化系统,并致力于提高装配精度,降低装配劳动强度以减小人工干预的影响。

## 4.1.2 高精度柔性装配定位工装

柔性装配工装是为了满足现代飞机产品变化对工装快速响应能力的需求,伴随着飞机数字化装配技术的发展而出现的。与常规工装不同,柔性工装是由复杂的硬件系统和软件系统构成的综合工装系统。

柔性工装一般具有柔性化、数字化、模块化和自动化的特点。柔性化表现在工装上具有快速重构调整的能力,一套工装可以用于多种产品的装配,这也是柔性工装最根本的特点;数字化体现在柔性工装从设计、制造、安装到应用均广泛采用数字量传递方式,是一种数字化的工装;模块化体现在柔性工装的硬件主要由具有模块化结构特点的单元组成,模块化结构单元的重构实现了工装的柔性;自动化体现在各模块化单元可根据装配需求自动完成装配动作。

### 1. 柔性定位工装的定义

柔性工装技术是基于产品数字量尺寸协调体系的可重组的模块化、自动化装配工装技术,其目的是免除设计和制造各种零部件装配的专用固定型架、夹具,降低工装制造成本、缩短工装准备周期、减少生产用地,同时大幅度提高装配生产率。

以飞机装配为例,柔性装配工装技术作为先进数字化装配技术的重要组成部分,在国内外航空企业受到了广泛关注,并得以广泛应用。因其具有柔性可重构能力,从而具备"一架多用"功能的工艺装备,通过调整或重构可用于多种飞机零组件的定位装配。

航空装备属于更新迭代速度越来越快的高精度装备,高精度柔性定位工装在航空航天装配中应用广泛。下面以航空装备的装配为例介绍高精度柔性工装。

**2. 航空航天装配柔性工装**

1）多点阵真空吸盘式柔性工装

一般而言，机身壁板曲率较大，而且随着各种新型材料的应用及整体壁板数量的增多，壁板结构的刚性增强，同时由于结构整体化，使得装配工作大大减少。因此装配中主要利用工装来支撑大型结构零件，便于装配操作。此时零件定位是利用零件上的定位孔或零件之间的其他定位特征进行的，这样既简化了装配流程，又简化了工装结构，同时使得利用柔性工装成为可能。多点阵真空吸盘式柔性工装的结构如图 4-9 所示。

壁板类组件装配工装可采用多个点阵布局的数字化定位夹紧机构。定位夹紧机构已经不再是传统的刚性卡板形式，而是一批具有真空吸附功能的柔性夹持机构，如图 4-10 所示。工装已经基本类似于一台数控设备，开敞性好，通过与一些自动化的钻铆设备配合工作，实现了装配的自动化。

图 4-9　多点阵真空吸盘式柔性工装

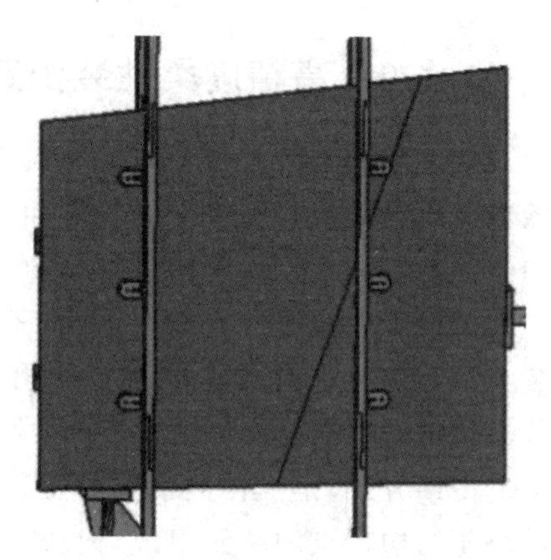

图 4-10　卡板与真空吸盘共同对飞机翼盒进行定位、夹紧

多点阵真空吸盘式柔性工装的模块化单元为带真空吸盘的立柱式单元，其在空间具有 3 个运动自由度，通过控制立柱式单元生成与壁板组件曲面外形一致并均匀分布的吸附点阵，利用真空吸盘的吸附力，可精确地定位并夹持零件，从而完成装配。

根据其结构形式，多点阵真空吸盘式柔性工装可分为立式、卧式和环式 3 种，在机身壁板类组件的装配中，主要使用立式和环式结构的工装，卧式结构工装则在一些复材结构的水平尾翼和垂直尾翼的装配中有应用。

2）分散式部件装配柔性工装

分散式部件装配柔性工装是一个集成了机械工装（定位器）、定位计算软件（或图像操作界面 GUI）、控制系统（包括人机操作界面 HMI）和数字化测量系统的综合集成系统，具体组成如图 4-11 所示。其具有结构简单、开敞性好、占地面积小、可重组等优点。

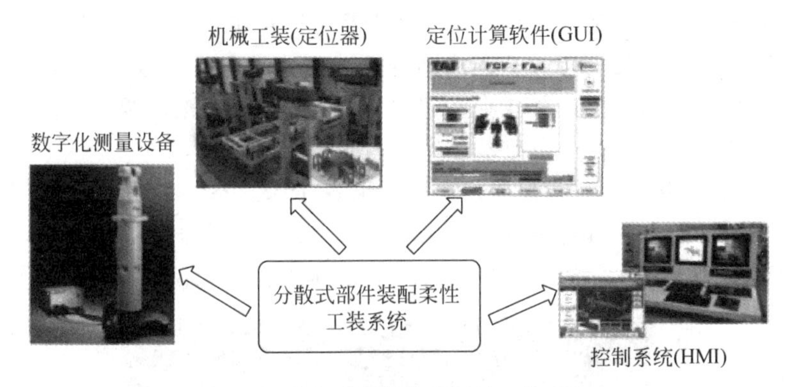


图4-11 分散式部件装配柔性工装系统

分散式部件装配柔性工装系统主要用于机身部件或机翼部件的装配，在应用过程中，采用的是优化的工装驱动数据。工装首先根据待装配部件的数模计算出工装的理论驱动数据，将构成部件的各组件安装到定位器上，然后定位器在控制系统的驱动下到达理论位置。此时利用激光跟踪仪测量各组件的实际位置数据，将其值与理论位置数据进行比较，如果符合公差要求，将进行装配，如果不符合，则需要重新计算定位位置，重新调整定位器，直至满足装配误差要求。

3）行列式结构柔性工装

行列式结构柔性工装是一种由多个行列式排列的立柱单元构成的工装，各立柱单元为模块化结构，独立分散排列，每个立柱单元上装有夹持单元，夹持单元一般具有三自由度的运动调整能力，可通过调整各立柱单元的上多个夹持单元的排列分布来实现对不同飞机零件的装配。行列式结构柔性工装的结构如图4-12所示。

图4-12 行列式结构柔性工装

行列式结构柔性工装主要用于大型飞机的机翼壁板和翼梁装配。行列式结构柔性工装开敞性好，多与自动钻铆机配合使用。行列式结构柔性工装在应用时与多点阵真空吸盘式柔性工装类似，也是采用理论驱动数据，理论数据可根据零件数模得到，所有零件对应的工装理论驱动数据都可以存储在一个数据库里，当需要装配某个零件时，可直接调用。行列式结构柔性工装的调整可通过工装系统的数控系统主动调整，也可以借助集成在一起的自动化数控设备被动调整。

4）大部件自动化对接平台

大部件自动化对接平台是一个集成了工装、测量系统、控制系统和计算机软件的综合系统，与分散式部件装配柔性工装类似。工装驱动采用优化的驱动数据，在控制系统的控制下，工装完成定位位置的调整、固定，具体结构如图 4-13 所示。

图 4-13　大部件自动化对接平台

## 4.2　高可靠性智能连接方法及装备

目前，结构件采用的主要连接方法仍是机械连接，以一架飞机为例，有几十万甚至上百万个铆钉和螺栓参与装配，所以，高可靠性连接工艺措施对延长飞机的寿命显得尤为重要。其重要性主要体现在：首先，紧固件的连接孔是疲劳破坏的薄弱环节，需要改进和完善产品的精密制孔工艺；其次，干涉连接、电磁连接等长寿命连接方法也为产品连接可靠性提供了保障。所以，本节主要从连接工艺出发，介绍智能精密制孔方法、长寿命机械连接技术及智能化装配连接装备。

### 4.2.1　智能精密制孔方法

为了完成新型产品的制造、装配任务，传统的手工制孔已经很难满足当代高精度产品制造的需求，自动化制孔技术的应用能显著提高产品的装配质量和装配效率，但同时也带来了一系列新的挑战。发展和研制智能自动化制孔设备，改进和完善产品的自动化精密制孔工艺，对当代整个高精度产品制造业来说是一项巨大的机遇和挑战。下面简要介绍螺旋铣孔、超声波振动钻孔两种精密制孔方法和制孔精度在线智能控制技术。

**1. 螺旋铣孔的工作原理及特点**

螺旋铣孔实际上是一个断续铣削加工过程，由两种运动合成：第一种运动是主轴的高速旋转，第二种运动是刀具中心轴在绕孔中心做旋转运动的同时 $Z$ 轴向下进给，如图 4-14 所示。

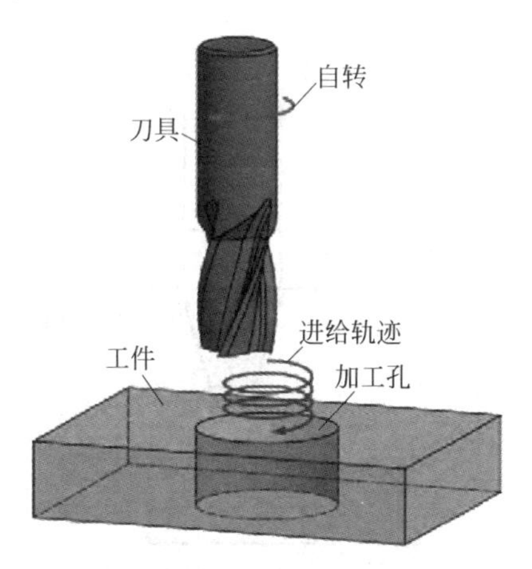


图 4-14　螺旋铣孔加工示意图

螺旋铣孔主要有以下 3 个特点：

(1) 刀具中心的轨迹是螺旋线而非直线，也就是说刀具中心与所加工孔的中心不重合，是偏心加工过程。孔的直径与刀具的直径不同，突破了传统的钻孔一把刀具加工同一直径孔的局限，实现了单一直径刀具可以用于加工一系列直径孔。

(2) 螺旋铣孔工艺过程是一个断续切削的过程，有利于刀具散热，减少刀具的磨损，冷却可采用微量润滑冷却剂甚至是空气冷却的方式。

(3) 螺旋铣孔空间大，排屑容易。螺旋铣孔偏心加工的方式使得切屑有足够的空间从孔槽中排出，排屑方式不再是影响已加工孔表面粗糙度的主要因素。

随着高精度装备装配自动化程度的提高，螺旋铣孔工艺将在某些场合逐步取代传统工艺，成为自动高精密制孔生产线不可或缺的组成部分。

**2. 超声波振动钻孔的工作原理及特点**

超声波振动钻孔是在普通钻削的基础上增加一个周期性的振动，使切削用量按某种规律变化，从而改善切削效能的一种新型加工方法。

振动钻削过程中将振动频率超过 16Hz 的钻孔称为超声波振动钻孔。超声波振动钻孔主要是以改善加工精度和表面粗糙度、提高切削效率与效能、扩大切削加工适应范围为目的。

超声波振动钻孔的原理是在工件和工具间加入磨料悬浮液，由超声波发生器产生超声振荡信号，经换能器转换成超声机械振动，再由变幅杆将位移振幅放大后传输给刀具系统，带动刀具做纵向振动，使悬浮液中的磨粒不断撞击加工表面，从而完成工件的加工，如图 4-15 所示。

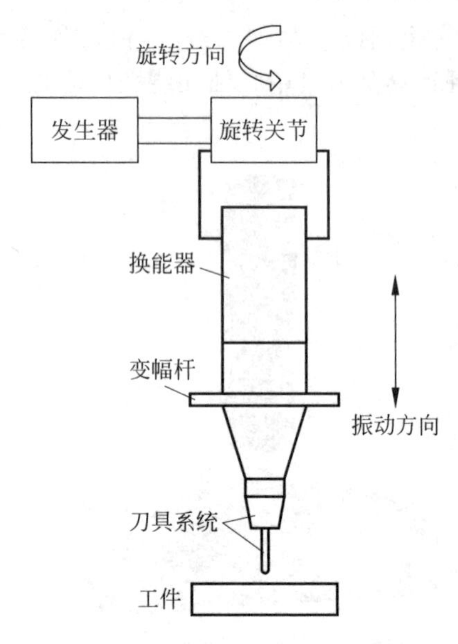


图 4-15 超声波振动钻孔工作原理

超声波振动钻孔的特点有：

(1) 钻削扭矩减小。超声波振动钻削所产生的是脉冲力矩，刀具与切屑的摩擦因数大大降低，因而钻削扭矩也大大减小。

(2) 排屑容易。在超声波振动作用下，刀具与切屑之间的摩擦力大大降低，有利于切屑的排出。

(3) 加工精度高。在超声加工过程中，钻头产生"刚性化的效果"，使得钻头不易变形，不易钻偏，所以能提高加工精度，加工误差主要为机床和夹具的安装误差。

(4) 孔的表面加工质量提高。由于钻头变形小，消除了积屑瘤，切削温度低，切削硬度低，切屑易于排出，不会损耗已加工的表面，因此孔的表面加工质量提高。

(5) 钻头的寿命延长。由于超声波振动钻削时，钻头加工是间歇的，并且切削力减小，切削温度降低，不产生积屑瘤和崩刃现象，所以可以延长钻头的寿命。

**3. 制孔精度在线智能控制技术**

在传统飞机装配过程中，制孔环节大量采用手工操作，制孔速度、制孔精度等难以控制，容易出现偏孔、斜孔、孔壁表面质量差和出口毛刺较大等现象，难以实现高精度、高质量制孔，因而影响飞机的最终装配质量。制孔精度在线智能控制技术的发展和应用达到了传统制孔工艺难以达到的效果，大大提高了制孔质量和效率。制孔精度在线智能控制系统的结构如图 4-16 所示。

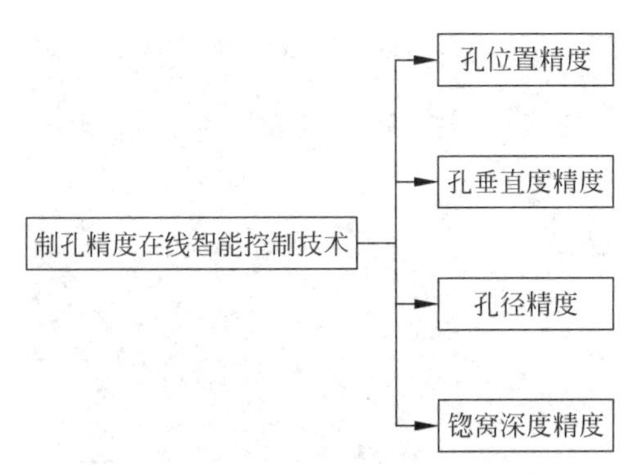


图 4-16　制孔精度在线智能控制系统

1）孔位置精度在线智能控制技术

制孔过程中，如果孔位定位不准确造成孔位误差，就会改变结构件在受力环境下各紧固件之间的载荷，从而影响结构件的疲劳寿命。

孔位找正的目的是准确标定预定位孔和预定位钉，利用差值算法计算需要制孔的孔位，从而保证制孔的位置精度。孔位找正方法主要利用视觉找正模块修正离线程序（或三维理论模型）中理论制孔点与实际制孔点的位置偏移误差，准确计算各个制孔点的位置坐标。

2）孔垂直度精度在线智能控制技术

在自动精密制孔过程中，由于部件的安装误差、变形等原因，部件的实际型面和理论外形存在一定的偏差。因此在部件表面制孔时，刀具往往不是垂直于部件表面，造成孔垂直度缺陷。因此需要对制孔法向进行找正。

法向找正的目的是准确找寻待制孔的法向，从而保证制孔的垂直精度。法向找正的方法可以归结为三点法测量原理和多点法测量原理。

三点法测量原理为按照直角三角形的结构形式在制孔轴的压脚周围安装 3 个位移传感器。根据位移传感器测量值是否相等判读孔垂直度。四点法测量原理与三点法类似，按照矩形结构形式在制孔轴的压脚周围安装 4 个位移传感器进行测量，如图 4-17 所示，4 个激光位移传感器分布在压力角四周。

3）孔径精度在线智能控制技术

孔径精度在线智能控制技术分为孔径检测和反馈调整两部分。孔径检测主要是基于工业相机和工控机，通过图形识别算法及数据处理技术实现对孔径的准确快速测量。反馈调整为通过将测量得到的孔径值与理论孔径值对比，得到孔径的偏差值，根据偏差值调整制孔主轴，以便进行再次制孔。

4）锪窝深度精度在线智能控制技术

由于制孔设备中存在安装误差和机械传递误差等因素，锪窝精度往往难以准确控制，因此需要增加外部实时测量设备对锪窝精度进行控制。

锪窝深度控制的目的是准确检测和控制制孔主轴沿轴线方向的进给量，从而

图 4-17　四点法测量孔垂直度

保证制孔过程中的锪窝深度要求。锪窝深度控制过程中利用精密测距装置实时测量主轴轴线进给量并与控制系统进行集成形成反馈回路，准确控制主轴的进给，从而保证锪窝深度精度。

## 4.2.2　长寿命机械连接技术

长寿命机械连接技术可分为孔挤压强化技术、干涉配合连接技术、电磁连接（铆接）技术、防腐蚀和抗氧化技术，如图 4-18 所示。孔挤压强化技术通过衬套使结构孔壁产生残余压应力延迟裂纹的扩展，延长接头的疲劳寿命；干涉配合连接技术通过紧固系统与被连接孔产生过盈配合，使孔壁产生残余压应力，延长结构的疲劳寿命；电磁连接（铆接）技术通过涡流磁场产生强冲击力作用于铆钉，其加载速率极高，使铆钉在微秒级内完成塑性成形，对被连接材料的损伤极小；防腐蚀和抗氧化技术采用特种涂料和涂覆技术，使紧固件与结构连接在高温场合抗氧化，从而使结构连接可靠。

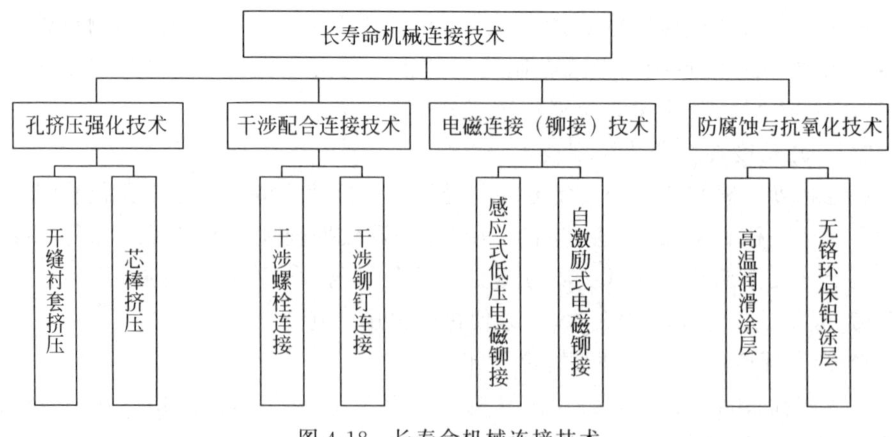


图 4-18　长寿命机械连接技术

### 1. 干涉配合连接技术

干涉配合连接作为长寿命机械连接的主要形式，广泛应用于航空、航天、汽车工业等领域，本小节主要介绍干涉配合连接的连接方法和特征及干涉螺栓连接和干涉配合铆钉连接以外的其他干涉配合连接形式。

1）干涉配合连接方法及其特征

**定义 4-1**　干涉连接：以铆钉或螺栓为紧固件采用过盈配合的连接技术。

将直径略大于孔径的紧固件安装于预制孔中，干涉配合连接可以造成孔边界微小变形，在孔壁和紧固件光杆之间形成挤压接触，在不改变结构设计、不提高材料等级的情况下可有效提高连接孔的疲劳寿命和密封性。

干涉配合螺栓连接是具有较大过盈量配合的螺栓连接，它传递横向剪切力。干涉配合螺栓通过较大的过盈量装入钉孔，同时通过较大的预紧力拧紧造成螺栓同时承受轴向力和径向力；另外，被连接件孔壁受径向压力和切向拉力。上述条件致使螺栓和被连接件的连接部分均得到强化，不仅提高了连接结构的疲劳寿命，还能获得较好的密封性能。

高锁螺栓是一种典型的干涉配合螺栓连接，其利用螺栓杆的过盈量与螺栓孔形成干涉配合。为了避免与碳纤维增强复合材料发生电化学腐蚀，在航空航天工程中一般选用钛合金材料（TC4）的高锁螺栓。另外，由于钛合金高锁螺栓具有强度高、重量轻、自锁、抗振防松、拧紧力矩可控、抗疲劳性能好等特点，在飞机结构装配中得到广泛应用。伊尔 86 飞机上使用了 3.4 万多个钛合金高锁螺栓，而空客 A320 客机中仅机翼下壁板的钛合金高锁螺栓使用量就达到了 1.1 万多个。另外，在飞机修补工艺中，常常以钛合金高锁螺栓干涉配合连接作为重要的解决方案。

CFRP 复合板高锁螺栓干涉配合单搭接结构是研究得最为广泛的干涉配合连接形式，现已经向航空结构中推广应用，其结构原理如图 4-19 所示，其中 CFRP 是各向异性的，钛合金是各向同性的。由于干涉量的存在，钛合金高锁螺栓被垂直压入 CFRP 复合板连接孔的过程会对层合板孔周引起复杂的应力分布和严重的应力集中，进而使 CFRP 复合板发生复杂的损伤。

与无孔复合板和间隙配合连接的非挤压孔复合板相比，干涉配合接头的力学分析复杂得多，干涉配合挤压孔附近的应力状态及结构损伤失效机理与众多影响因素密切相关，包括紧固件种类、接头构型、结构尺寸、干涉量、铺层顺序及拧紧力矩等结构设计和连接工艺参数。

2）特殊干涉配合连接形式

锥形螺栓连接的主要作用是使螺栓与孔形成均匀的干涉配合，从而达到提高结构疲劳寿命的目的。锥形螺栓由螺钉、螺帽、垫圈 3 部分组成，普通锥形螺钉如图 4-20 所示。螺钉头有埋头和凸头两种。螺栓的锥度为 1∶48。按规定，孔和钉

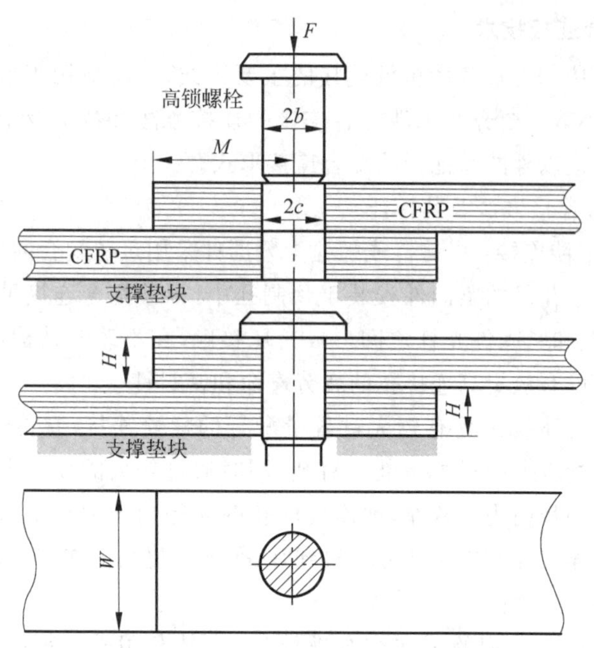


*F*—插钉力；*b*—螺栓光杆半径；*C*—孔半径；*H*—层合板厚度；*W*—层合板厚度。

图 4-19　CFRP复合材料高锁螺栓干涉连接原理

杆有 0.08mm 的过盈量，其沿钉杆全长具有均匀的干涉量，所以疲劳寿命比一般的干涉连接都高。锥形螺栓连接主要应用于飞机的重要受力部分，但其成本过高，不适合大面积使用。

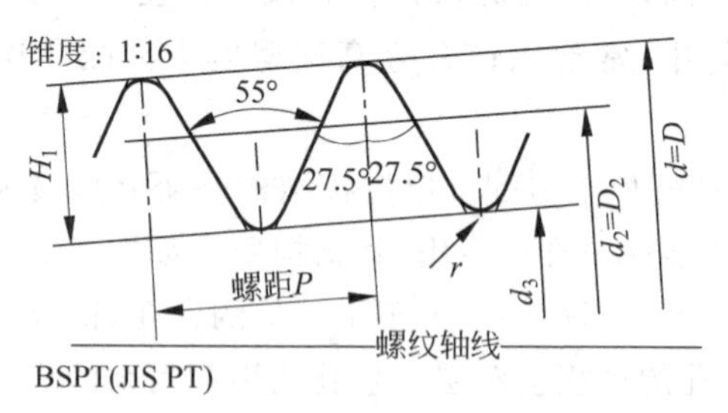


$H_1$—牙形高度；*P*—螺距；*r*—牙形角；*d*—小径；$d_2$—中径(基准直径)；$d_3$—大径。

图 4-20　锥形螺钉

**2. 电磁连接(铆接)技术**

为增加飞机、汽车等工业产品的结构强度，提高疲劳寿命，同时减轻重量，大量钛合金结构和复合材料结构被广泛应用。由于钛合金与复合材料的相容性好，所以钛合金和复合材料的应用必然促进大量钛合金紧固件的采用。但由于复合材料易产生安装损伤、分层等现象，大大限制了传统热铆方法的采用。同时，在新型飞机和大型运载火箭中，由于大载荷的要求，越来越多地采用大直径铆钉，并且由于结构开敞性的限制，大功率压铆机在许多情况下无法工作，所以只能采用气铆。而气铆则存在铆接质量不稳定、效率低下等问题。因此，迫切需要采用新型的铆接技术与工艺来解决这些问题。电磁连接（铆接）技术能够有效解决上述问题。

1）电磁连接（铆接）的特征与原理

电磁铆接是电磁连接技术中的典型代表，它是在电磁成形工艺的基础上发展起来的新型铆接工艺。电磁铆接原理如图 4-21 所示，初级线圈与铆钉之间是次级线圈与应力波放大器，工作过程中，顶铁固定不动顶住铆钉，开关闭合的一瞬间，初级线圈中通过快速变化的电流，线圈周围产生强磁场，激励次级线圈产生感应电流，进而形成涡流磁场。磁场间相互作用，产生的涡流斥力通过应力波放大器传递给铆钉，使铆钉瞬间变形，完成铆接。

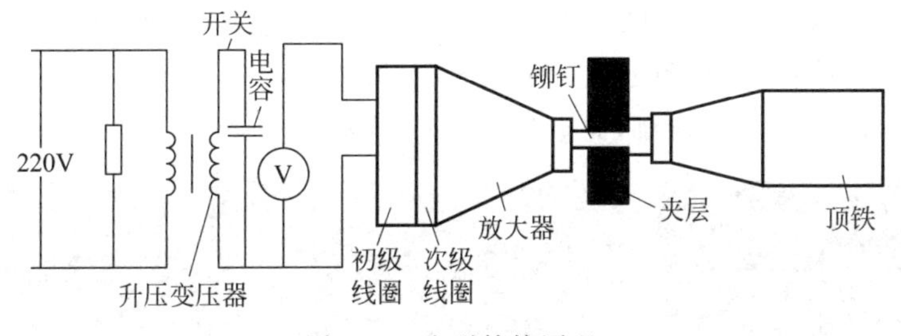


图 4-21　电磁铆接原理

相较于普通铆接时材料的均匀滑移变形，电磁铆接时，材料以绝热剪切力完成变形，在几百毫秒到一微秒内瞬间完成墩头的成形，效率极高。针对航空航天领域广泛应用的复合材料，电磁铆接相较于普通铆接尤其是锤铆有很大的优势。普通铆接钉杆膨胀不均匀，可能会造成材料的挤压破坏，所以复合材料一般不会采用干涉铆接，而电磁铆接的冲击距离为零，对结构产生的冲击损伤远小于普通铆接；同时电磁铆接时，钉杆膨胀均匀，可以有效防止材料的挤压破坏。所以电磁铆接使复合材料干涉铆接成为可能，但是电磁铆接的相关工艺参数必须通过实验探究确定，以保证电磁铆接的装配工艺质量。

2）电磁连接（铆接）装备

美国最早开展电磁铆接技术的研究，已经开发出广泛应用于航空领域的手持式电磁铆接设备，甚至是自动化铆接设备。我国有关电磁铆接的研究起步较晚，但已经先后研制手持式和固定式电磁铆接设备。西北工业大学的曹增强教授等人设计的低压电磁铆接设备结构如图 4-22 所示。其工作过程是由触摸屏根据铆接对象设定好铆接电压，铆接执行器（铆枪）在接收到操作者的“充电”指令后，由电源控制柜对充电电容器组进行充电，并在充电过程中显示电容器的充电电压。在充电电压达到设定的铆接电压后，操作者可以激发铆枪，将电能转化为机械能，完成铆钉的成形。

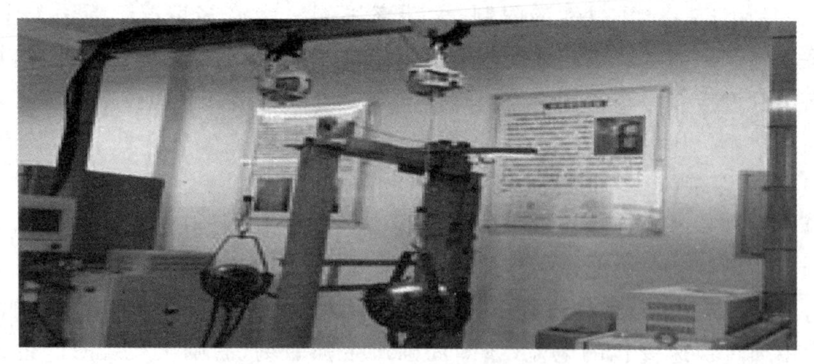

图 4-22　低电压双枪电磁铆接设备

EMR-1000 低压电磁铆接设备是西北工业大学在已有电磁铆接设备基础上研制的最新电磁铆接设备，如图 4-23 所示。该设备与美国 EI 公司最新的 HH54 低压电磁铆接设备相当，其铆枪质量是 4.8kg，和美国 EI 公司的 HH54 铆枪质量基本一致，但可铆接 6mm 铆钉，而 HH54 只能铆接 5mm 铆钉。

图 4-23　应用于某型飞机铆接时的电磁铆接设备

虽然我国手持电磁铆接设备与国外的发展水平相当，但自动化电磁铆接设备还处于研究阶段。美国大力发展自动化电磁铆接设备，目前不仅可以实现无头铆钉的铆接，还可以用于高锁螺栓的安装。

### 4.2.3　智能化装配连接装备

随着产品性能要求的不断提高，连接质量受到越来越多的重视，以航空制造业为例，传统的基于手工操作的飞机装配技术已经不能满足当代飞机装配质量稳定、生产速率高、疲劳寿命长的要求。目前机械制造业发达的国家开始发展数字化、柔性化、智能化装配技术，智能化装配连接装备就是其中一个重要的发展方向。机器人制孔系统、自动钻铆系统和双机器人自动装配连接系统是智能化装配连接装备的代表。

**1. 机器人制孔系统**

机器人自动制孔可以提高生产效率，降低生产成本，最重要的是可以提高连接质量，延长产品的使用寿命。机器人自动制孔装备在制孔过程中应用广泛。下面对机器人自动制孔系统进行详细介绍。

1）机器人自动制孔系统

机器人自动制孔系统主要由六自由度工业机器人、配套的末端执行器、控制系统及配件组成，如图 4-24 所示。

制孔机器人一般采用传统的六自由度工业机器人，并利用工业机器人自带的系统接口根据产品需要进行系统集成及二次开发。末端执行器为制孔执行部件，吊装在机器人第六轴的法兰盘上，如图 4-25 所示。

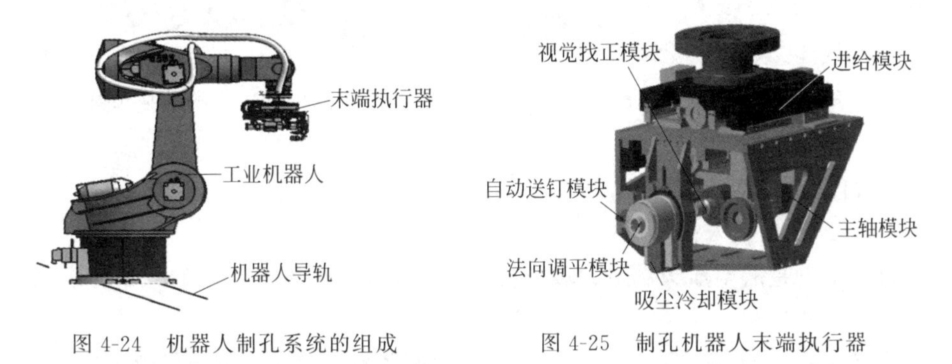


图 4-24　机器人制孔系统的组成　　图 4-25　制孔机器人末端执行器

2）柔性导轨自动制孔系统

柔性导轨自动制孔设备是一种用于飞机自动化装配制孔的便携式自动化设备，如图 4-26 所示。其中主要由制孔系统、真空吸盘柔性导轨、运行底座、视觉系统、法向找正系统组成。

图 4-26　柔性导轨自动制孔设备

3）爬行机器人自动制孔系统

爬行机器人自动制孔系统主要由多位置真空吸盘、制孔机器人、摄像系统等结构组成。该制孔设备从形式上看是一种多足式机器人，可以在机身表面行走。足上吸盘将设备吸附在工件表面进行制孔作业，如图 4-27 所示。

4）并联自动制孔系统

并联自动制孔系统主要由虚拟五轴并联机器人系统和末端执行器组成，能够完成复杂曲面部、组件的全方位自动制孔，如图 4-28 所示。

图 4-27 爬行制孔机器人

图 4-28 并联制孔机器人简化模型

**2. 自动钻铆系统**

1）自动钻铆技术概述

自动钻铆是航空航天制造领域应自动化装配需要而发展起来的一项先进制造技术。

**定义 4-2** 自动钻铆技术：利用自动化装配装备代替手工的钻铆技术。

自动钻铆是代替手工，自动完成钻孔、送钉及铆接等工序的自动装配装备。其集电气、液压、气动、自动控制为一体，在装配过程中不仅可以实现组件或部件的自动定位，还可以一次完成夹紧、钻孔、送钉、铆接安装等一系列工作。它可以代替传统的手工铆接技术，提高生产效率，保证质量稳定，大大减少人为因素造成的缺陷。

随着我国航空航天产业性能的不断提高，在铆接装配中发展和应用自动钻铆技术已经势在必行。自动钻铆技术的优势主要有：

（1）自动钻铆技术可减少操作时间。

① 减少成孔次数，一次钻孔完成。

② 自动夹紧，消除了结构件之间的毛刺，省去了分解、去毛刺和重新安装等工序。

③ 可一次完成送钉、定位、铆接工作。

（2）自动钻铆技术可提高制孔质量。

① 制孔孔径公差控制在±0.015mm 以内。

② 内孔表面粗糙度最低为 $Ra\,3.2\mu m$。

③ 制孔垂直度在±0.5°以内。

④ 制孔时结构件之间无毛刺，背部毛刺控制在 0.12mm 以内。

⑤ 孔壁无裂纹。

(3) 与手工铆接相比,在成本上有大幅度降低。通过比较人工与自动钻铆机安装相同数量的紧固件,从所耗费的工时上可以看出,对于大量同种类紧固件的安装,自动钻铆机可以节约的工时成倍数增长。

此外,在增加一些附件后,自动钻铆技术可应用于干涉型高锁螺栓、环槽钉、无头铆钉等进行干涉配合铆接,从而提高铆接结构疲劳性能。据统计,80%的飞机机体疲劳失效事故起因于结构连接部位,其中的疲劳裂纹发生于连接孔处,可见连接质量极大地影响着飞机的寿命。为确保铆接质量,设计时应考虑使自动钻铆获得最大限度的使用。在大批量生产中提高生产效率也是采用自动钻铆技术的一个重要原因。目前,自动钻铆技术已经在世界上所有的大飞机制造公司得到广泛应用,技术比较成熟。以美国格鲁门公司为例,其对波音尾段机身段双曲度壁板及平、垂尾壁板均采用了自动钻铆技术,占整个装配铆接工作量的 85%。

2) 自动钻铆系统的一般结构

自动钻铆机集多个工序于一体,使工件从原始状态经过上架夹紧、定位、钻孔及铆接等一系列动作最终达到生产要求下架。该过程是壁板装夹定位装置、壁板运动装置、板壁钻孔装置、自动送钉装置、壁板压铆装置协调配合的结果。

铆接机仅能铆接机翼等平面大型工件,其他型号的铆接机可以铆接曲面工件,但是仅能铆接弯曲面工件,而非带有角铁和桁架的工件,且不能够完成自动送钉工序。一般的自动钻铆机结构如图 4-29 所示。

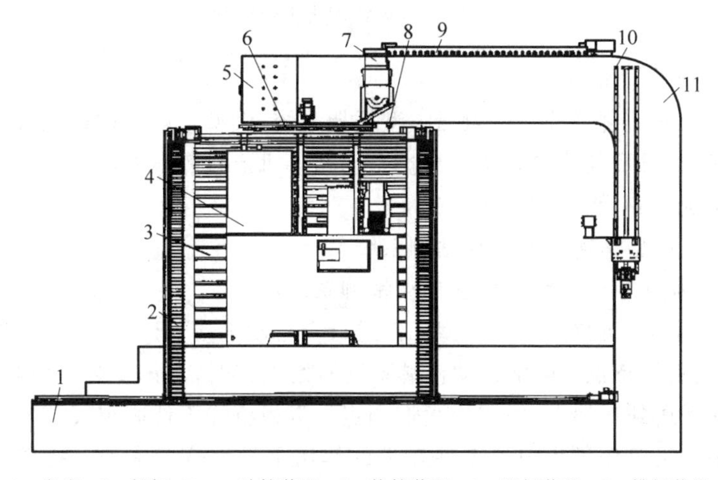


1—底座;2—托架;3、4—动铆装置;5—静铆装置;6—置钉装置;7—排钉装置;8—钻孔装置;9—送钉装置;10—运钉装置;11—悬臂梁。

图 4-29　自动钻铆机的结构

3) 自动钻铆系统的工作流程

由图 4-29 可知,工件首先装夹到托架 2 上。之后移动托架,壁板随着托架将待铆接点放置于钻孔装置 8 下方,使钻头和待铆接点对齐并钻孔,钻孔后再将工件移至静铆装置 5 下方，使铆头与已制好的待铆接孔对齐，与此同时，自动送钉机构开始运行，将铆钉送至铆接孔内等待铆接；铆接后移动托架至下一待铆接孔。其中自动送钉机构由运钉装置 10、送钉装置 9、排钉装置 7、置钉装置 6 四部分构成。自动钻铆机的具体工作流程如图 4-30 所示。

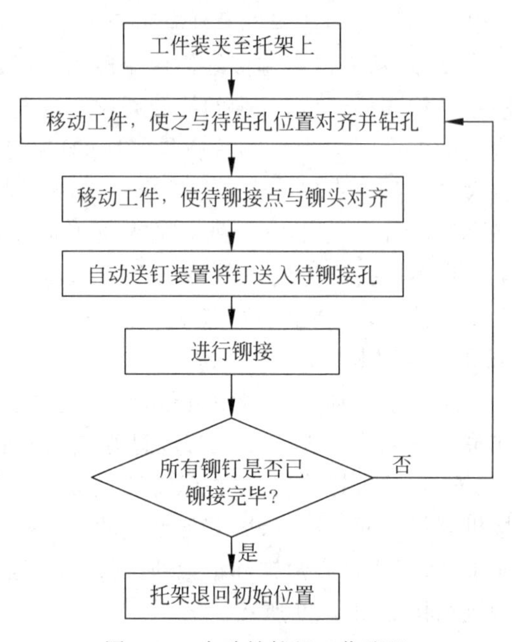


图 4-30　自动钻铆机工作流程

4）托架式自动钻铆系统

托架式自动钻铆系统主要包括大型托架系统、大型移动工作台系统、运动执行机构、自动钻铆机及其控制系统。根据自动钻铆机形状的不同，大体上可分为 C 型自动钻铆系统和 D 型自动钻铆系统。

（1）面向 C 型钻铆机的自动钻铆系统。

图 4-31 为面向 C 型钻铆机的自动钻铆系统数模图，它是五坐标全自动钻铆系统，可对机身壁板、机翼壁板等大型工件进行全自动铆接，具有加工零件精度高、效率高、外形美观等特点。C 型自动钻铆系统开始工作时，用吊车装置将机翼壁板等待加工试件运送到托架上，使用拉紧带和定位卡板将加工件固定安装在托架上，以防止自动钻铆机工作过程中加工件在力的作用下发生位置窜动。托架、移动工作台、C 型钻铆机在控制系统作用下，在各自运动范围内移动、调整姿态，使待加工件与 C 型钻铆机的位置达到最佳，即最适宜加工状态。设备接收到加工信号后，C 型钻铆机开始对待加工件进行钻孔、锪窝、送钉、涂胶、铆接等操作，当钻铆机与托架有位置干涉时，会导致待加工试件留有未加工操作的位置，在调整钻铆机与托架的姿态后可对其进行补加工。

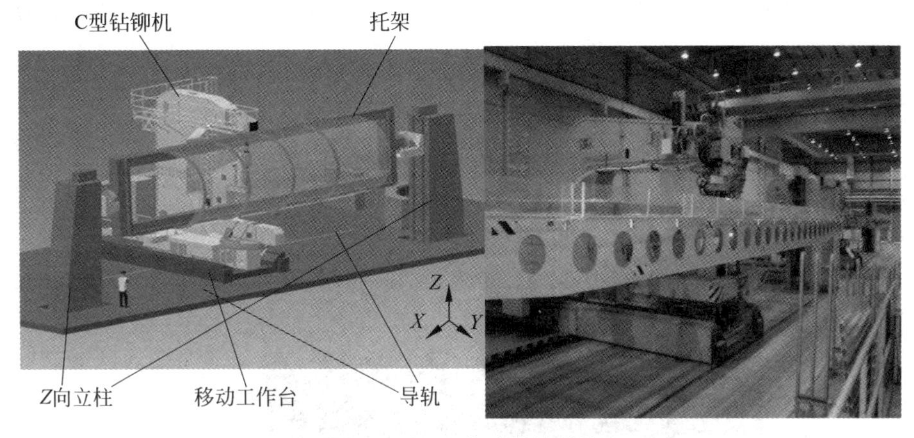


图 4-31　C 型自动钻铆系统

(2) 面向 D 型钻铆机的自动钻铆系统。

面向 D 型钻铆机的自动钻铆系统如图 4-32 所示。其主要部件为 $Z$ 向立柱、$X$ 向导轨、托架、D 型钻铆机，加工过程与 C 型自动钻铆系统相同。D 型钻铆机头部由 4 大部分组成，分别是钻轴、托架、铆接头和铣轴；钻铆机的辅助设备有自动送钉装置、钻头/铣头自动更换装置、上铆头自动更换装置、钻头/铣头自动润滑装置、吸屑装置、摄像监控装置；钻铆机头部的测量和保护装置分别有用于调平的三点式电涡流传感器、用于检测工件变形的接触式位移传感器、工件夹紧力传感器、铆钉检测传感器、孔校正摄像装置等；电气系统控制分为 3 部分，主要有各坐标位置控制系统、钻铆机头部控制系统、维护调整监控系统。该钻铆系统具有工件和铆接机的位置精度高、超高铆接循环速度、全过程 CNC 控制并且支持离线编程等特点。

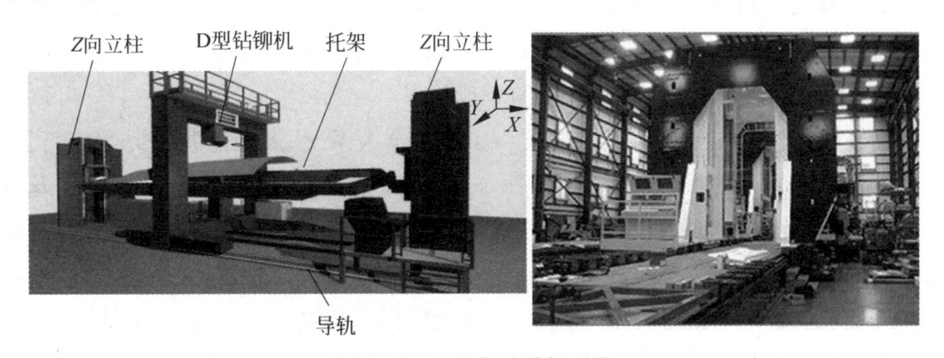


图 4-32　D 型自动钻铆系统

5) 立柱式自动钻铆系统

当铆接很宽的板件时，可采用刚性较好的立柱式自动钻铆系统，与托架式自动钻铆系统的结构不同，其主要由一个倒 U 型轭架、立柱式型架、导轨和带有钻铆系统的加工中心构成，图 4-33 所示为机翼壁板自动钻铆系统，其属于立柱式自动钻铆系统。

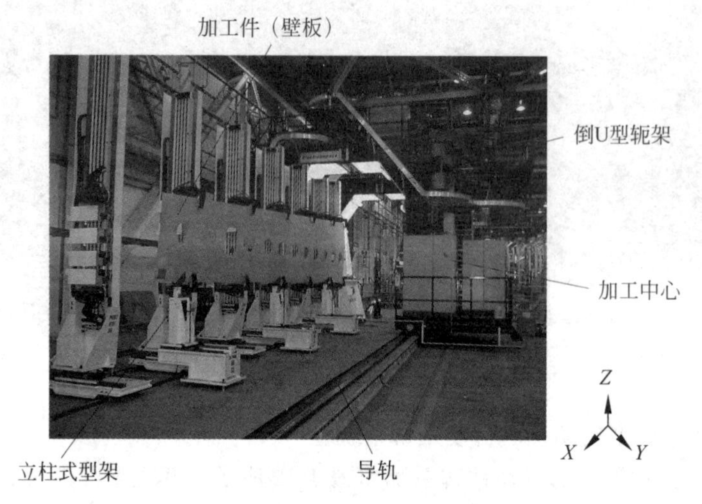


图 4-33　机翼壁板自动钻铆系统

**3. 双机器人自动装配连接系统**

随着装配制造业的不断发展，更为先进的双机器人自动装配连接系统逐步出现在工厂装配作业中，其中最具有代表性的就是双机器人协同钻铆系统，其定义如下：

**定义 4-3**　双机器人协同自动钻铆系统：两台机器人协调完成钻铆工作的系统。

双机器人协同钻铆系统是指两台机器人协调工作，通过更换不同功能的终端执行器完成特定功能，如钻孔、锪窝、送钉、铆接及测量等。

1）双机器人协同自动钻铆系统的一般构成

双机器人协同自动钻铆系统主要由工业机器人系统、多功能制孔终端执行器、机器人移动平台、飞机壁板组件及柔性定位工装、激光跟踪仪测量系统、自动化制孔控制系统等组成，如图 4-34 所示。其一般应用于飞机装配过程，专门针对飞机机身、机翼、舱门、尾翼等的加工装配要求而设计开发，以替代原有的手工装配模式，提高装配效率及装配质量，减少人工装配误差，提高壁板装配的质量一致性。机器人壁板自动装配系统能够实现在一次装夹下完成除干涉区域外壁板上所有紧固件的安装。

2）双机器人协同自动钻铆系统的一般功能

双机器人协同自动钻铆系统能够实现以下功能：

(1) 将工业机器人应用于飞机壁板制孔装配，通过激光跟踪仪转站测量及坐

图 4-34　双机器人协同自动钻铆系统结构图

标系标定，建立工业机器人与壁板装配坐标系之间的转换关系，保证了机器人末端执行器的精确定位，是实现双机器人系统钻孔的基础和前提。

(2) 多功能末端执行器与机器人连接实现高精度、高效率制孔。作为制孔系统的关键部件，终端执行器具备压紧单元、视觉测量单元、法向检测单元、切削单元及锪窝深度控制等，保证了机器人制孔的质量及稳定性。

(3) 移动平台导轨不仅扩大了机器人的操作空间，还能避免机器人因姿态不佳产生刚度损失而影响加工精度，提高了机器人工作的灵活性。

(4) 机器人离线编程及仿真系统从产品的模型中提取加工孔信息，并按照制孔工艺要求生成机器人制孔程序，在软件中通过路径仿真及碰撞检测检验机器人运动的安全性。

(5) 自动化制孔控制系统软件解析由离线编程系统生成的制孔程序，通过与机器人控制系统通信连接，传输并接收数据；机器人控制系统收到上位机控制指令后驱动机器人运动完成相应的任务。

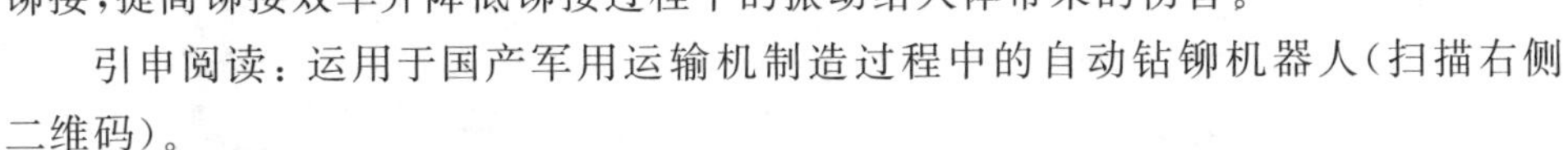

(6) 将风动铆枪和顶铁装置分别安装到两台机器人的终端执行器上，通过程序的编制，使两台机器人到达预定工作位置，协同完成铆接，从而代替传统的人工铆接，提高铆接效率并降低铆接过程中的振动给人体带来的伤害。

运 20 用上自动钻铆机器人

引申阅读：运用于国产军用运输机制造过程中的自动钻铆机器人(扫描右侧二维码)。

## 4.3　智能化装配检测方法及装备

随着信息技术的飞速发展，机械制造装配越来越离不开智能化在线检测技术，其涉及部件的无损检测、装配质量检测、线缆检测、机械系统检测、特设系统在线检测等领域。

智能化在线检测技术就是通过计算机技术和自动化控制技术，按照既定程序进行系统相关实验，通过合理判据和部分人工判断使实验过程快速、准确地进行，从而实现系统实验过程中的快速诊断分析和定位。

在线检测技术的目的和意义包括：

（1）实现测试过程中的自动化控制，减少误操作，缩短产品的总装配周期，降低成本。

（2）实现多批次产品数据的积累、对比，能够更好地对产品加以改进。

（3）在系统实验过程中能够快速准确地实现故障的定位和诊断。

（4）实现偶发故障的定位，减少机械系统偶发故障造成的事故。

（5）减少实验过程中的人为因素。

根据检测对象的不同，智能化在线检测技术形成了相应的面向点位、面向型面的智能化检测方法与装备。

## 4.3.1 面向点位的装配智能化检测技术与系统

以模线、样板、标准样件、外形卡板等为代表的传统模拟量测量检验手段在功能、准确度和效率上已逐渐无法满足现代飞机装配测量的需求。因此，以激光雷达为代表的高精度数字化测量技术应运而生，在飞机装配型架定位、部件对接装配及飞机整体装配的准确度检测中得到越来越普遍的应用，成为飞机数字化装配的关键支撑技术之一，在提高飞机制造、装配质量效率方面发挥了重要作用。

**1. 激光雷达装配测量系统**

激光雷达装配测量系统的测量原理如图 4-35 所示，利用高精度反射镜和红外激光光束测量 3 个物理量：方位角、俯仰角、距离。方位角和俯仰角是通过两个编码器实现测量的；距离是利用调频相干激光雷达技术测量，最后通过球形坐标系和笛卡儿坐标系的转换得出被测点的 $X$、$Y$、$Z$ 坐标为

$$\begin{cases} X = R \cdot \cos\theta_{ZA} \cdot \sin\theta_{EI} \\ Y = R \cdot \sin\theta_{ZA} \cdot \sin\theta_{EI} \\ Z = R \cdot \cos\theta_{EI} \end{cases} \tag{4-1}$$

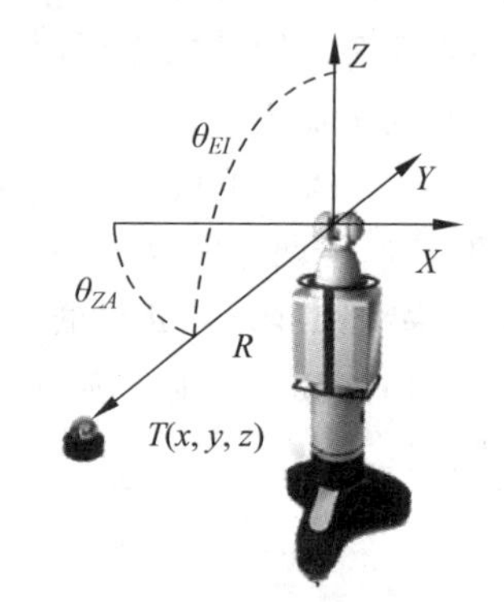

图 4-35 激光雷达测量原理

激光雷达测量系统的硬件由扫描头、基座、计算机、电源、移动工作站、UPS、扩展架、打印机等组成，如图 4-36 所示。

激光雷达的测量流程如图 4-37 所示。在进行测量时，如被测物所需数据可在同一位置获得，则将雷达放置于此处，对被测物所需数据进行测量，测量完成后即可对数据进行相应的处理以得到被测物体所需的尺寸和相对位置。若测量物体在

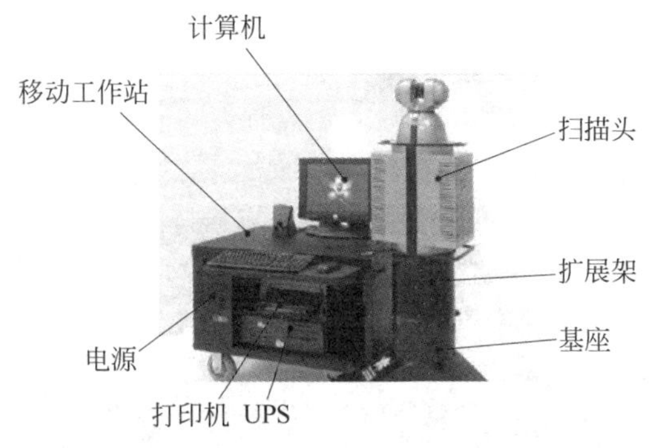


图 4-36　激光雷达测量系统的硬件组成

同一位置无法获取到所有信息，则需要用仪器测量位置的移动来实现，即需要对仪器进行转站(转站即仪器通过测量公共目标的位置解算求出各站仪器到统一的测量坐标系的坐标转换参数，从而将仪器从自身坐标系下转换至统一的测量坐标系下，实现测量数据的统一性)。

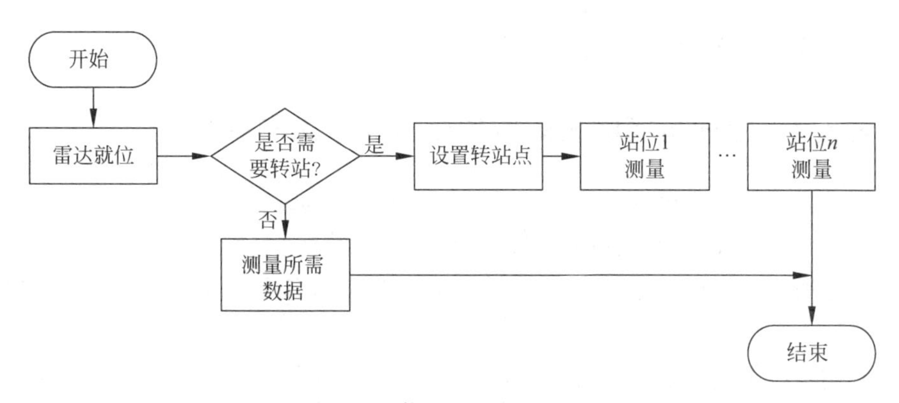


图 4-37　激光雷达的测量流程

**2. iGPS 装配测量系统**

iGPS 测量系统原理：该系统主要利用三边测量原理建立三维坐标体系来进行测量。其中的测量探测器根据激光发射器投射光线的时间特征参数计算探测器相对于发射器的方位和俯仰角，将模拟信号转换成数字信号并发送给接收处理器系统，采用光束法平差原理实现各发射器之间的系统标定，然后采用类似于角度空间前方交会的原理解算空间点位坐标及其他位置信息。

iGPS 测量系统的结构如图 4-38 所示，其主要由激光发射器、传感器(3D 智能靶镜)、接收处理器系统软件构成。

iGPS 测量的优势：

(1) 可以实现自由组网式和基准点建站式两种组网方式。

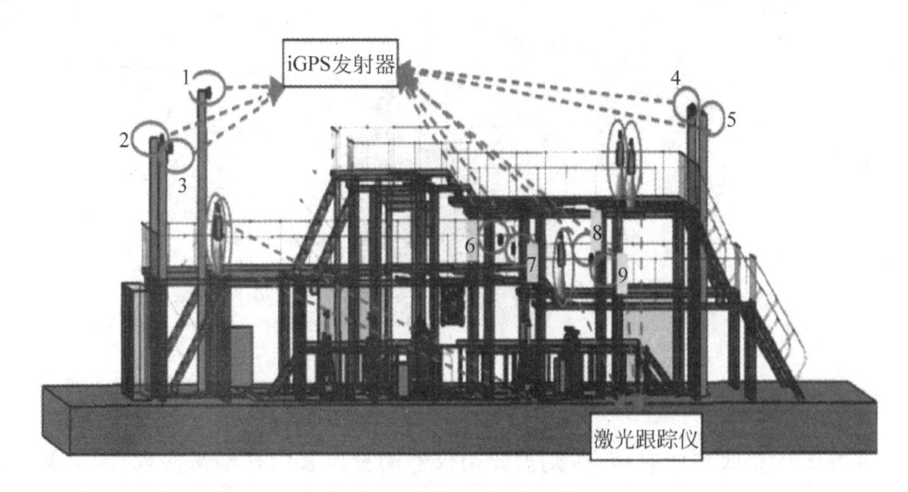


1～9—飞机部件测量目标点。

图 4-38　飞机数字化 iGPS 装配测量系统的结构

(2) 可以用于飞机数字化装配过程中的数字化测量。

(3) 相对激光跟踪仪的对比测量精度可以达到 0.2mm/10m。

### 4.3.2　面向型面的装配智能化检测技术与系统

产品表面质量是衡量产品性能的重要指标，以飞机为例，主要包括表面典型质量特征(如对缝间隙、阶差、钉头凸凹量、钉头与基孔间隙、蒙皮外表面波纹度等)、表面质量缺陷(如划伤、刻痕、压坑、变形等)、蒙皮外缘技术要求(如气动外形容差等)。

利用三维表面缺陷测量系统对被测铆钉、划痕等轮廓特征进行扫描，通过投影于被测表面条纹相位的变化，获取表面密集点云数据，以此快速获得待测部位的尺寸、特征等信息，经过计算机辅助软件的计算，能够得出待测表面质量特征的具体测量数据，达到定量评价铆钉凸凹量、划痕深度等表面质量的目的。同时通过总结铆钉凸凹量的具体算法，对数据分析软件进行二次开发，实现了快速定量评价铆钉凸凹量。在装配过程中存在诸多阶差和间隙，如飞机中蒙皮对缝之间、蒙皮与结构之间、舵面与结构之间、机身部段之间、整流罩壁板之间等。阶差和间隙超过设计容限会对飞机的装配质量、飞行性能、隐身性能等造成严重影响，因此需要对其进行精确检测。针对装配过程中的间隙、阶差等表面质量特征采用"激光间隙枪"进行装配间隙、阶差的质量检测(图 4-39)，量化测量结果，提高了产品表面质量的检测水平。

图4-39　装配间隙、阶差检测

### 4.3.3　其他装配智能化检测技术与系统

除了传统检测方法以外，以飞机为代表的高端装备要求产品装配过程中对各系统进行检测，包括密封检测、飞机线缆检测和机载系统检测。上述检测一直采用传统检测手段，效率低、准确性差、劳动强度大，所以越来越多的智能化检测技术与系统得到了广泛应用。

**1. 密封性检测**

密封性检测主要用于检验一定几何空间内的各个连接部分是否存在泄漏。由于航空航天产品服役环境的特殊性，必须对相应的零件进行密封性检测。

各类密封性检测方法的优、缺点对比见表4-2。

**表4-2　常用的密封性检测方法对比**

| 检测方法 | 现象 | 设备 | 最小检漏率/($Pa \cdot m^3 \cdot s^{-1}$) |
|---|---|---|---|
| 超声法 | 超声波 | 超声波检测器 | $1\times10^{-3}$ |
| 氮气检漏法 | 溴代麝香草酚蓝试纸变色 | 人眼 | $1\times10^{-7}$ |
|  | 溴酚蓝试纸变色 | 人眼 | $1\times10^{-11}$ |
|  | 复合涂料显色 | 人眼 | $1\times10^{-7}$ |
| 卤素检漏仪吸嘴法 | 检漏仪读数变化 | 卤素检漏仪 | $1\times10^{-6}\sim1\times10^{-10}$ |
| 放射性同位素气体法 | 计数器信号发生变化 | 闪烁计数器 | $1\times10^{-7}$ |
| 氦质谱检漏仪法 | 检漏仪读数变化 | 氦质谱检漏仪 | $1\times10^{-8}\sim1\times10^{-10}$ |

1）超声法检测

超声波是一种高频短波信号，具有很强的方向性，这种声波是不能被人耳直接听到的，但我们通过超声波密封性测试仪可以完全侦测到这些声音。由物理学可以知道，气体总是由高气压侧流向低气压侧，当压差只出现于小孔处时，气体产生的湍流将在小孔处产生超声波。利用此原理，使用超声探测技术可以精确定位气体泄漏点，因而可以用于对缺陷点的定位。使用360°超声波信号发生器可以在容器或舱室内产生超声波信号，如果容器或舱室的密封存在缺陷，超声波信号就会从缺陷处泄漏出来，用超声波密封性测试仪可以接收到泄漏出的超声波信号。仪器使用独特外差法将这些超声波信号转换为声频信号，让使用者通过耳机可以听到声音，并于仪器显示屏上看到强度指示，判断泄漏点与泄漏量的大小。外差法的原理就像收音机，可将信号准确地转换为声音，使人们容易辨认和了解。超声波技术的优点就是容易理解、更加方便，其具有以下特性：

（1）超声波具有方向性。

（2）超声波很容易被阻隔或遮蔽。

（3）超声仪器能用于噪声环境。

（4）超声波的变化可预知潜在的问题。

（5）超声仪器操作更容易。

因此，超声波探测被广泛应用于汽车密封性检测、风噪声检测、漏水检测、飞机密封性检测、舰船密封性检测、压力容器泄漏测试等。

在航天器中有许多系统可以采用超声波仪器进行检查。一些常见的应用有测试燃油单元、氧气系统、热空气管道、机舱压力、轮胎泄漏、气浮装置、液压阀和驱动装置的泄漏。它同样也可用于检测驾驶室门窗泄漏，只需要三个步骤就可以定位到飞机座舱密封的泄漏点。

如果对大型商用飞机进行高处或远距离检查，配合集波器使用定位，最大定位距离可达50m。例如压缩气体系统、阀、马达泵等，这些均可产生超声信号。一些高频声音来自湍流，其他来自摩擦。部件开始磨损时会发生故障或泄漏，有着正常超声波形式的一个变化，这可以作为一个增量振幅、一个音质的变化或一个音式的变化被探测。由于轻便、易用和灵活性，超声波密封性测试仪可用于所有航空器的检测。超声波密封性测试仪可探测到瞬间的超声变化并转换这些信号，以使其通过耳机被听到和作为强度增量在一个显示仪表面板上被观察到。通过使用扫描式或接触式的插入模块，可以检测到设备的泄漏或机械故障问题。机载录音和数据导入可帮助操作人员记录声音范例和进行精确的状态分析。需要在本安环境中进行检测的客户可以提供具有本安额定的定制仪器。

对于一般的泄漏检测，是在扫描模式下，沿被测试区进行轻微的波动式移动，细听最大的“嘶嘶”声并跟踪这个声音到最响点，需要时使用灵敏度拨号盘进行灵敏度调整。在同样的方式下使用360°超声波信号发生器可测试座舱压力和驾驶舱窗的泄漏，对于阀门和执行器，接触上游并降低灵敏度到中线读值，并与下游的读值进行对比。

2）氦质谱仪检漏

氦质谱检漏仪是利用氦气作为示漏气体的专门用于检漏的仪器，它具有稳定性高、灵敏度高的特点，是真空检漏技术中灵敏度最高、使用最普遍的检漏仪器。

氦质谱检漏仪是磁偏转型的质谱分析计。单级磁偏转型仪器的灵敏度为 $10^{-9}$～$10^{-12}$ Pa·m³·s⁻¹,广泛地应用于各种密封系统及零部件的检漏。双级串联磁偏转型仪器与单级磁偏转型仪器相比,噪声显著减小,其灵敏度可达 $10^{-14}$～$10^{-15}$ Pa·m³·s⁻¹,适用于密封要求高的系统、零部件及元器件的检漏。逆流氦质谱检漏仪改变了常规型仪器的结构布局,被检件置于检漏仪主轴泵的前级部位,因此具有可在高压力下检漏、不用液氮及质谱室污染小等特点,适用于大漏率的检测,其灵敏度可达 $10^{-12}$ Pa·m³·s⁻¹。

以图4-40所示用于C919飞机油箱泄漏检测的大型客机整体油箱检漏系统为例,该检漏系统通过对飞机油箱整体漏率检测、对单点漏源定位,实现对飞机油箱泄漏的排查。系统具有自动配气功能,可任意设定氦气、空气混合比例,并可自动调节压力,节约成本,飞机油箱的总漏率与单点漏率可同时测量,效率高,并且检测结果可溯源。

图4-40　飞机整体油箱气密检测设备

**2. 装备线缆检测**

工业产品制造是一项复杂的系统工程,尤其是飞机制造中对电气部分(线缆、线束等)的检测是飞机各部件、总装整机阶段必不可少的一项重要工作。电气部分检测主要针对的是整机线缆的导通性能和绝缘性能检查。机上线缆的导通、阻抗、绝缘检查和快速故障定位是飞机总装配过程中的重要步骤,对飞机的安全性、可靠性具有非常重要的意义。

目前,国内飞机线缆导通/绝缘检查主要以人工测试为主,其缺点主要有:

(1) 低测试效率及低速率,一架飞机的测试要花费很长时间。

(2) 人工测试方法面临巨大的工作量,容易导致疲劳、错误或故障,不能形成一个完整的体系,且无法追溯质量测试报告,质量控制手段落后。

(3) 人工测试仅能检测开关/短路情况,不能在完整线缆网络中检测出回路损坏、短路、错误连接及其他故障。

(4) 不能快速、准确地判断单线对其他线或者接地的绝缘(线间绝缘)。

近年来,全机线缆自动化检测手段在逐步推广应用。对于点数相对较少(2 万点以内)的中小型飞机,采用全机线缆集成检测基于全部使用工艺转接电缆的方法,工作量和工作效率相对能够接受。

我国正在研制的大型飞机(如 C919 飞机等)的线缆检测工作的特点如下。

1) 全机检测点数多,检测周期长

全机线缆集成检测现场布置大量的工艺转接电缆,如图 4-41 所示。但对于大型飞机来说,其测试点数是战斗机的 2 倍,测试方案如果仍然采用传统的测试方案则是不可取的,转接电缆的存取管理和设计制造成本及测试准备阶段的工作量非常巨大。据统计,4 万点的转接电缆(拣选、上机、连接)至少需要 3 天时间,工作量和工作效率均无法接受。

2) 整机检测点分布范围广且分散,检测难度大

全机检测点数分布范围遍布整个机身段和机翼,尾翼部位、发动机短舱也有覆盖。检测过程中距离较远,易造成检测错位,如果全部采用转接电缆连接测试点的方法,则费时费力。

3) 电子设备集中放置

大型飞机因安装空间相对充裕,可以集中设置电子设备柜/设备架,用以集中安装、放置计算机类电子设备。在狭小空间内,电子设备的集中放置给该区域的线缆检测带来了困难。如果全部采用转接电缆的测试方案,会造成局部检测电缆数量多,极易造成电缆连接错误和电缆损坏,同时给工艺转接电缆安装、分解造成困难。

对于全机线缆测试,针对国产大飞机线路检测的工作特点,设计研发了大型飞机全机线缆自动化检测系统,其适用于大型飞机特点的数字化、自动化检测技术能够极大地缩短大型飞机的总装配周期,并显著提升产品质量。

**3. 机载系统检测**

飞机机载系统用于保证飞行安全、完成飞行任务,是飞机的重要组成部分。飞机的机载系统包括机电系统和航电系统。

机电系统包括液压系统、燃油系统、电源系统、航空电力系统、环境控制系统、机轮刹车系统等。航电系统(综合航空电子系统)主要包括人机交互系统、飞行状态传感器系统、导航系统、外部传感器系统。在飞机制造过程中航电系统的测试一般采用综合测试的手段。

1) 机载测试系统的发展

机载测试设备是机载测试系统的主体,我国机载测试设备的发展至今已经历了 4 个阶段:

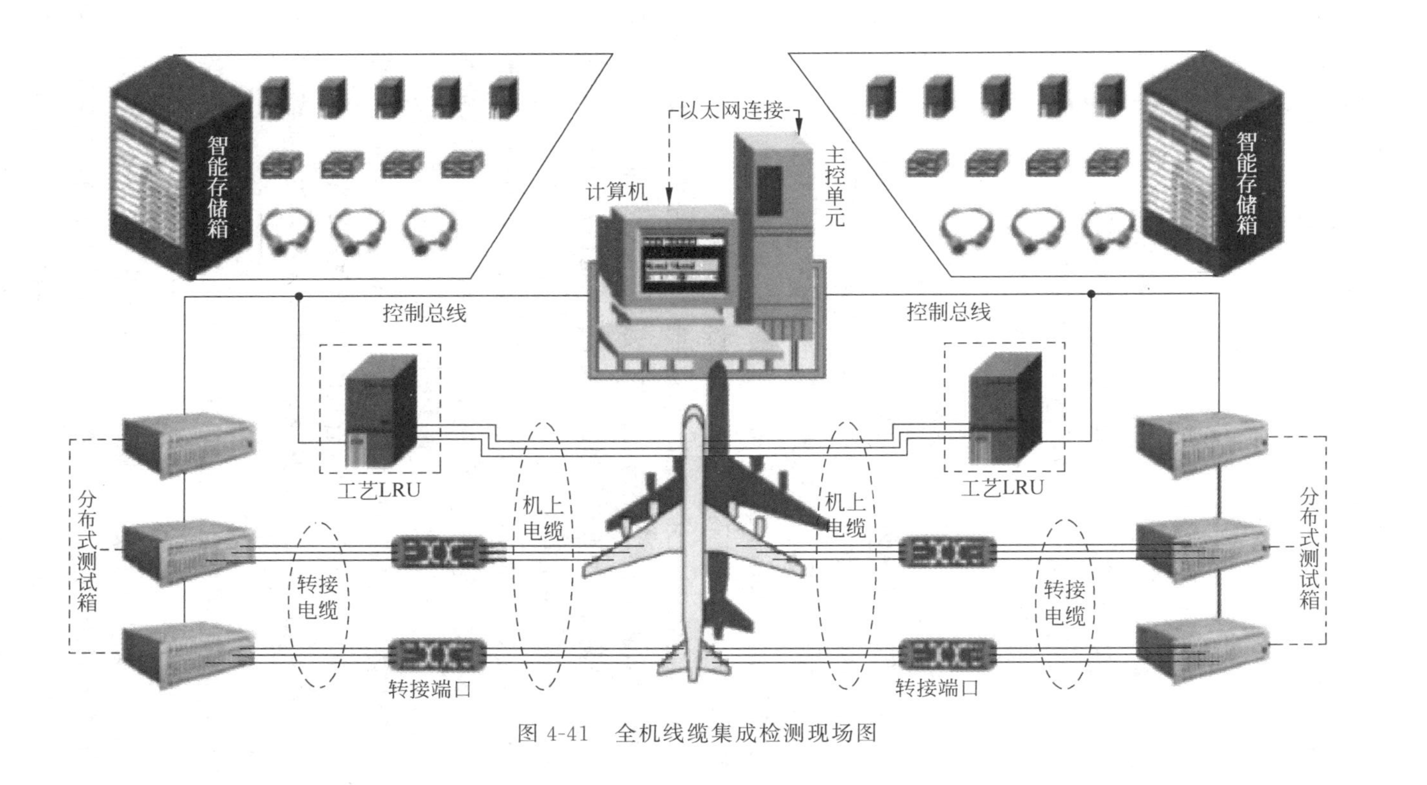


图 4-41　全机线缆集成检测现场图

（1）机械式、电磁式仪器——单路测量阶段。20世纪50年代，用于飞行实验的测试仪器是“飞行自记器”。这种飞行自记器按功能分为高度、速度、过载姿态角速度、振动、位移、操纵力等类型。因其记录的参数少、效率低、精度差、处理数据时间长，逐渐被“光学示波器”所取代。光学示波器比飞行自记器单独分散的纸带记录判读方便。

（2）磁记录——多路测量阶段。从20世纪60年代起，电子技术和电子测试仪器开始进入飞机试飞测试领域。

磁记录具有自动化、精度高、速度快、可重放等优点，被广泛应用于飞行实验中，如JCS-2D-J数据采集系统。这是一种具备脉冲编码调制(pulse code modulation，PCM)方式的机载磁记录器，通道数可达256，总采样率为2560次/秒，主要测量缓变和数字参数，精度为0.5%，并配有地面数据处理计算机，使试飞机载测试面貌焕然一新。

（3）综合测试阶段。随着科技的发展，以及测试设备的智能化，20世纪80—90年代，我国试飞机载测试迈入综合测试及实时数据处理阶段。

具有代表性的测试系统有达明Ⅴ和达明Ⅵ数据采集和处理系统。这是一种PCM方式的数据采集磁记录系统。数据采集采用了可编程序技术；一般情况下，达明Ⅴ的总采样率为4kb/s，达明Ⅵ的总采样率为32kb/s。达明系列的测试系统是12位编码，并且能按时序逐路采集每个参数。

（4）分散式测试阶段。21世纪伊始，由于试飞测试任务的需要，分散式测试系统也被应用到机载测试领域。它具有很多特点：采集数据量大，可靠性高，维护方便，扩充容易。目前实际试飞机载测试系统主要是这种分散式测试系统。

2）国产机载测试系统的应用

对于机电系统，大型客机液压系统、飞行控制系统和起落架系统测试的铁鸟可以实现飞机各系统交联实验。另外，基于半仿真和智能分析技术的直升机燃油系统各项指标的测试方法及设备的燃油温度测量精度为±0.1℃，燃油压力测量精度为±0.001kPa。随着虚拟实验技术的发展，民航飞机液压系统虚拟性能样机平台在飞机实验验证阶段，可早于物理综合集成实验开展系统虚拟实验，有助于缩短飞机研制过程中解决系统集成带来的技术问题的周期，丰富飞机系统功能、性能测试验证的手段。

在飞机制造过程中，航电系统的测试一般采用综合测试手段，电鸟就是航空电子系统综合实验平台。其自主集成、建设了全新的大型客机重要航电系统地面仿真与测试实验环境，形成了覆盖全部航电系统的全方位系统综合实验环境和能力，通过模型和脚本可以实现自动化测试。对于航电系统中的导航系统，针对飞机大型无线电导航识别系统的功能特性和目前主要的检测需求，设计了一套相应的自动测试系统。整个系统通过将软件和无线电综合技术进行整合，兼顾便携性，分别经由无线及有线途径完成对飞机无线电导航设备的基本功能及特性的室外测试。其自动测试系统通过嵌入式系统和无线电软件相结合，能够完成实际应用层面上对飞机无线电导航设备进行自动测试的任务，并在此基础上兼顾了便携性和抗干扰性能。

飞机机载系统的测试正逐步集成化和综合化。国产大飞机对机载系统进行“三鸟”联试，包括测试飞机飞控系统、液压系统和起落架系统的铁鸟，进行飞机发电和配电等供电系统测试的铜鸟和进行航电系统测试的电鸟。通过“三鸟”联试来模拟飞行状态，实验人员就在这些设备上对飞机的系统进行分析、验证、调试，如图 4-42 所示。

图 4-42　飞机“三鸟”联试平台

飞机制造中“工艺装备”的那些事儿

更多典型装配方法及装备的扩展资料可以扫描右侧二维码自行阅读。

# 思考题

1. 常用的定位方法有哪些？分别适用于什么场合？

2. 螺旋铣孔相较于传统孔加工技术而言，其优点体现在何处？

3. 什么是智能化在线检测技术？根据不同的工作需求可将其分为哪几类？

4. 典型航空装配的定位方法与一般机械产品装配定位方法的区别是什么？是什么原因导致了这一区别？

# 参考文献

[1] 施晓伟，乐婷，宋冬，等. 基于机器视觉的航空散热器智能定位钻孔技术[J]. 测控技术，2020，39(8)：129-133.

[2] 裴小娜，潘洪刚，魏红彦. 基于激光测量的机器人智能定位系统[J]. 激光杂志，2019，40(4)：45-49.

[3] 王强，李丽娟，侯茂盛，等. 基于 iGPS 和机器人的大尺寸接触式测量系统[J]. 长春理工大学学报(自然科学版)，2017，40 (6)：14-19.

[4] 何建洪，黄潇锐，黄建展，等. 汽车零部件精密装配自动化技术的研究[J]. 自动化应用，2020(9)：

149-150.

[5] 王勃,杜宝瑞,赵璐.面向飞机智能制造的工艺智能决策与知识库技术[J].智能制造,2016(6):26-30.

[6] 黄志超,陈伟达,程雯玉,等.复合材料连接技术进展[J].华东交通大学学报,2013,30(4):1-6,29.

[7] 曹增强,刘洪.电磁铆接技术[J].塑性工程学报,2007,14(1):120-123.

[8] 刘晨昊,曹增强,盛熙,等.基于C7-636的低压电磁铆接设备控制系统[J].机械设计与制造工程,2011(5):50-53.

[9] 王新,闻伟,张毅,等.复合材料电磁铆接技术现状及评析[J].航天制造技术,2016(1):1-6,27.

[10] 曲立娜.大尺寸薄壁工件自动钻铆机结构的研究与设计[D].大连:大连理工大学,2009.

[11] 刘玉松,刘琦,谭清中.基于激光雷达的数字化装配检测技术研究[J].航空制造技术,2017(21):91-93,101.

[12] 范斌,季青松,李明飞,等.iGPS测量系统与激光跟踪仪在某飞机大部件数字化装配中的对比应用[J].航空制造技术,2019,62(5):57-62.

[13] 王发麟,李志农,王娜.飞机整机线缆自动化集成检测技术研究现状和发展[J].航空制造技术,2021,64(4):38-49.

# 第5章

# 智能装配生产线与典型行业应用

生产线是按对象原则组织起来，完成产品工艺过程的一种生产组织形式。随着产品制造精度、质量稳定性和生产柔性化要求的不断提高，制造生产线正在向着自动化、数字化和智能化的方向发展。生产线的自动化是通过机器代替人参与劳动过程来实现的；生产线的数字化主要解决制造数据的精确表达和数字量传递，实现生产过程的精确控制和流程的可追溯；生产线的智能化主要解决机器代替或辅助人类进行生产决策，实现生产过程的预测、自主控制和优化。智能生产线将先进工艺技术、先进管理理念集成融入生产过程，实现基于知识的工艺和生产过程全面优化、基于模型的产品全过程数字化制造及基于信息流、物流集成的智能化生产管控，以提高生产线运行效率，提升产品质量的稳定性。第 2 章中简要地概括了智能装配生产线的系统集成与总体布局，本章将详细介绍智能装配生产线的系统构成、运作方式及不同种类的生产线。

智能装配生产线的种类与应用如图 5-1 所示。

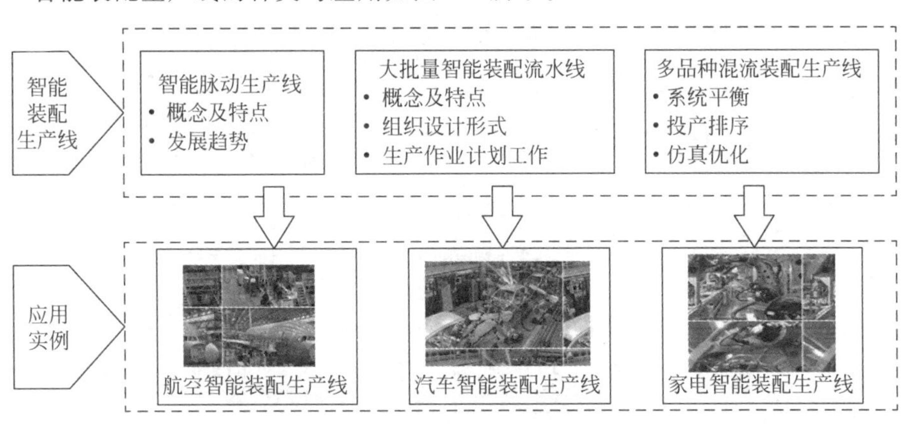


图 5-1　智能装配生产线的种类与应用

## 5.1　智能装配生产线

产品装配是产品制造过程中最为重要的环节之一，其装配技术和装配质量直接影响产品的性能及可靠性。随着我国工业技术的高速发展，传统装配模式由于装配效率低、劳动强度大、作业管理困难，已无法满足现代产品装配周期短、节奏快、精度高的生产作业需求。目前国内外的企业正在数字化生产线的基础上，探索智能制造生产线的建设，谋求生产技术与管理创新发展。开展智能装配生产线技术的研究，稳步提高我国飞机等产品的生产技术水平，对我国先进制造技术的发展具有重要意义。

### 5.1.1 智能装配生产线概述

智能装配生产线是集合工业以太网、智能物流、传感器、电子看板等技术的集成管理控制系统，是高效的、具有高水平生产管理系统的新型智能生产线。智能装配生产线可对全线生产计划、产品、材料、质量、设备等信息进行收集和分析，实现实时状态监控、过程指导、材料管理、质量控制、设备和人员管理、生产数据管理等功能。通过对产品数据的查询、跟踪和统计分析，生产线管理人员可以实时监控生产过程的状态，解决生产线平衡问题，降低生产成本，提高生产效率，进一步提高车间管理水平。

智能装配生产线也可以理解为智能制造系统的一部分。智能制造系统是一种由智能机器和人类专家共同组成的人机一体化系统。其核心是实现机器智能和人类智能的协同，实现产品生产过程中的自感知、自决策、自执行等功能。智能制造系统的基本架构如图 5-2 所示，主要包括 5 个层级：设备层、控制层、车间层、企业层、协同层。

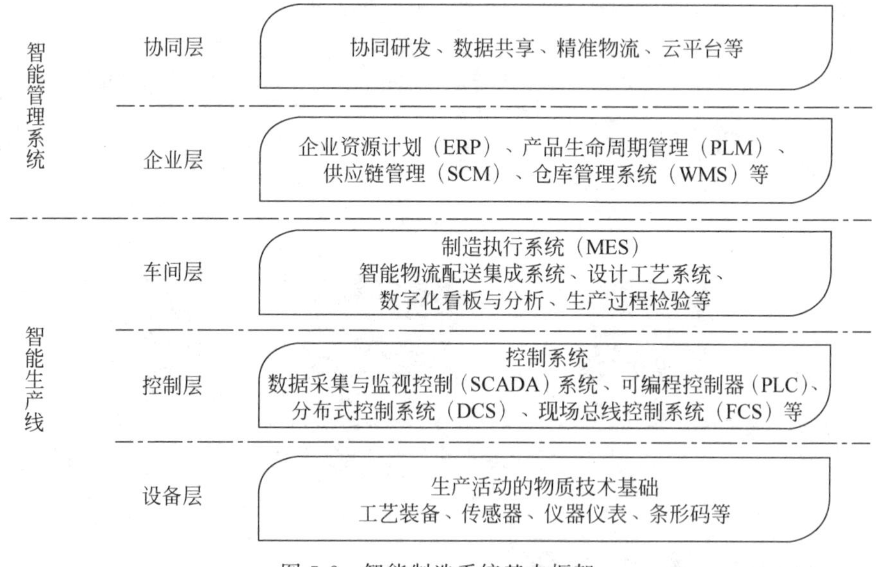


图 5-2 智能制造系统基本框架

多条智能生产线又可组成车间层面的智能工厂，其基本特征是将柔性自动化技术、物联网技术、人工智能和大数据技术等全面应用于产品设计、工艺设计、生产制造、工厂运营等各个阶段。通过物联网对工厂内部参与产品制造的设备、材料、环境等全要素进行有机互联与泛在感知，结合大数据、云计算、虚拟制造等数字化和智能化技术，实现对生产过程的深度感知、智慧决策、精准控制等功能，达到对制造过程高效、高质量管控一体化运营的目的。智能工厂是信息物理深度融合的生产系统，通过信息与物理一体化设计与实现，制造系统构成可定义、可组合，制造流程可配置、可验证，在个性化生产任务和场景驱动下，自主重构生产过程，大幅降低生产系统的组织难度，提高制造效率及产品质量。

## 5.1.2 智能装配生产线的特征与架构

### 1. 智能装配生产线的特征

智能装配生产线基于传感技术、网络技术、自动化技术、人工智能技术等先进技术，通过智能化的感知、人机交互、决策和执行，实现产品设计、生产、管理、服务等制造活动的智能化。智能装配生产线具有状态感知、实时状态分析、自主决策、高度集成和精准执行等特征。

1）状态感知

状态感知是对制造车间人员、设备、工装、物料、刀具、量具等多类制造要素进行全面感知，完成制造过程中的物与物、物与人及人与人之间的广泛关联。基于传感器与网络实现物理制造资源的互联、互感，确保制造过程中多源信息的实时、精确和可靠获取。

2）实时状态分析

基于状态感知技术获得各类制造数据，对制造过程中的海量数据进行实时检测、实时传输与分发、实时处理与融合等分析，是数据可视化和数据服务的前提。实时状态分析对智能制造过程中的自主决策及精准决策起着决定性作用，是智能制造中的重要组成部分。

3）自主决策

智能装配生产线能够在制造过程中不断地充实制造知识库，还能搜集与理解制造环境信息和制造系统本身的信息，并自行分析判断和规划自身行为。智能制造系统与人类共同支配的各类制造资源具有不同的感知、分析与决策功能，其能够拥有或扩展人类智能，使人与物共同组成决策主体，促使信息物理融合系统实现更深层次的人机交互与融合。

4）高度集成

智能装配生产线不仅包括制造过程硬件资源间的集成、软件信息系统的集成，还包括面向产品研发、设计、生产、制造、运营等产品全生命周期的集成，以及产品制造过程中所有的行为活动、实时的制造数据、丰富的制造知识之间的集成。

5）精准执行

精准执行又称为智能执行，是车间制造资源的互联感知、海量制造数据的实时采集分析、制造过程中自主决策的最终落脚点。制造过程的精准执行是使制造过程及制造系统处于最优效能状态的保障,也是实现智能制造的重要体现。

**2. 智能装配生产线架构**

1) 智能装配生产线的关键技术

以物联网、人工智能、大数据、云计算、计算机仿真及网络安全等关键共性技术作为支撑技术,提供制造过程中的智能装配设备、制造要素动态组网、制造信息实时采集与管理、自主决策与执行优化的集成方案,解决智能技术应用集成问题,形成可扩展、可配置的智能制造应用系统,实现制造过程和管理的自动化、数字化与可视化。从设备层、控制层、车间层、企业层、协同层 5 个层面提升航空装备制造系统的状态感知、实时状态分析、自主决策、高度集成和精准执行水平,为航空制造业推进智能制造技术奠定坚实的技术基础。智能制造体系如图 5-3 所示,主要由关键技术支撑层、智能设备载体层、数据采集分析层、制造执行与优化层和企业信息系统集成层构成。

(1) 智能装配装备制造技术。智能装配装备作为智能装配技术的载体,首先应具有装配装备的基本功能,包括定位、装配、物料配送、故障检测等,可以完成产品的制造与装配。除此之外,智能装配装备须具有基于物联网、大数据、云计算、虚拟仿真与人工智能等关键技术支撑的智能化装备,可具备多设备交互、人机交互、虚拟现实交互等能力,达到先进制造技术、信息技术与智能技术集成融合的目的,实现装配装备智能化。

(2) 数据采集与分析技术。依托传感器技术、测试技术、仪器技术、电子技术与计算机技术等先进制造技术,数据采集与分析可以实现许多物理量数据的测量、存储、处理与显示,包括产品信息、设备信息、程序序号、操作人员工号等与产品生产制造过程有关的信息。

(3) 生产线设备的执行与优化技术。智能装配生产线中多台设备的执行与优化构成了制造执行系统,其在整个信息化模型中位于企业机械化管理层和自动化控制层之间,是实现装配过程管控一体化的重要组成部分。智能制造执行系统是对装配生产过程中的计划管理信息和自动化控制信息的集成,通过对装配执行过程的整体数字化管理和控制达到提高生产效率、降低生产成本、提高产品质量的目的。

(4) 智能集成管控系统。智能集成管控系统是集设计工艺系统、作业计划导入、生产过程控制与数据采集、生产过程检验、产品质量管控、设备状态监控、智能物流配送、自主决策等功能于一体的生产线管理系统。其总体框架如图 5-4 所示。

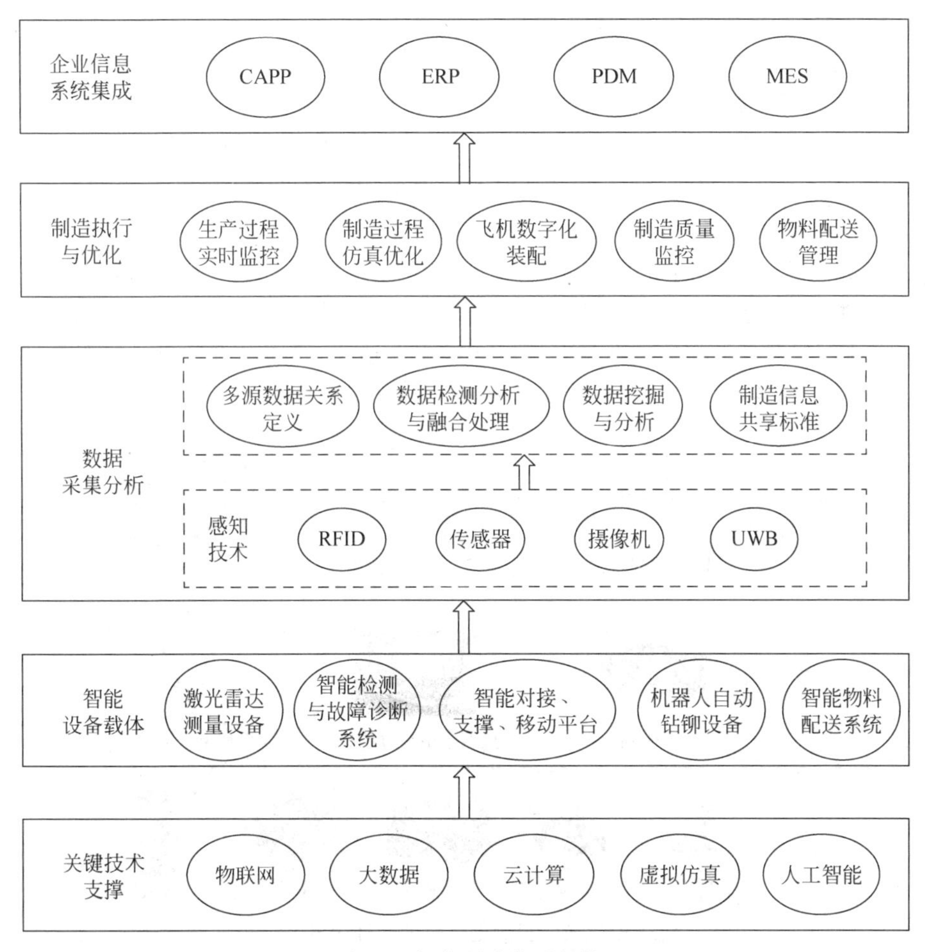


图 5-3　智能制造体系架构

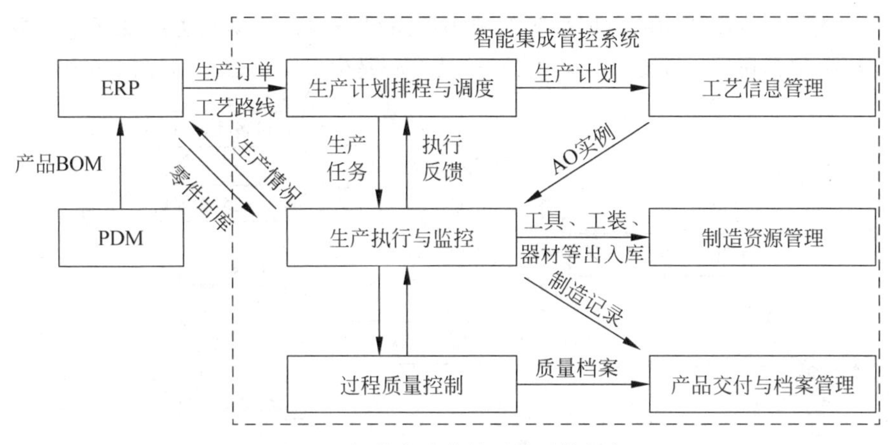


图 5-4　智能集成管控系统总体框架

2）智能装配生产线的硬件构成

智能装配生产线可实时存储、提取、分析与处理工艺及工装等各类制造数据，以及设备运行参数、运行状态等过程数据，并能够通过对数据的分析实时调整设备运行参数、监测设备健康状态等，并据此进行故障诊断、维护报警等行为，对于生产线内难以自动处理的情况，还可将其向上传递至车间中央管控系统。此外，生产线内不同的制造单元具有协同关系，可根据不同的生产需求对工装、毛料、刀具、加工方案等进行实时优化与重组，优化配置生产线内各生产资源。为了实现这些生产线的功能，设备层、控制层、车间层中的硬件设备须协同作业，对整个生产过程实施实时监控，各设备之间的数据信息可以实现交互功能，并通过上位机的分析得出产品生产信息与设备运行信息。智能生产线的硬件构成如图 5-5 所示。

图 5-5 智能生产线的硬件构成

3）智能装配生产线控制系统

智能装配生产线中的数据采集对象为制造设备运行数据与生产现场工况数据，生产线中包含众多不同类型的数据信息，其核心是生产工艺数据，如图 5-6 所示。

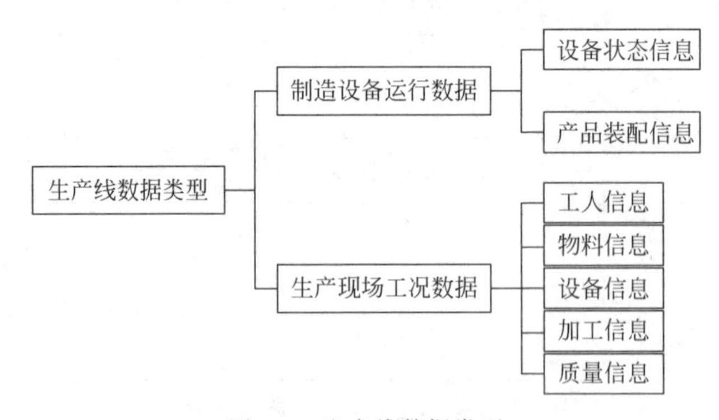


图 5-6 生产线数据类型

智能装配生产线的管控技术包括：

（1）编码与识别技术。产品信息的追溯是编码与识别技术的目的之一，通过生产线设备提供的数据可以完整地体现产品的性能和加工过程情况，而为了将产品ID与这些生产特性有效地关联起来，则要对产品的ID进行编号并识别，再在上位数据库中进行关联存档。常用的编码有条形码、二维码、RFID码（图5-7）。编码的读取由专门的感应器或扫描枪来实现（图5-8）。扫描器一般包括光源、光学透镜、扫描模组、模拟数字转换电路等核心部件模块。扫描读取时利用光电元件将检测到的条码反射光信号转换成模拟电信号，通过模拟数字转换器经过滤波、整形，将模拟信号转换为数字信号，经过译码器转换并传输到计算机中处理。

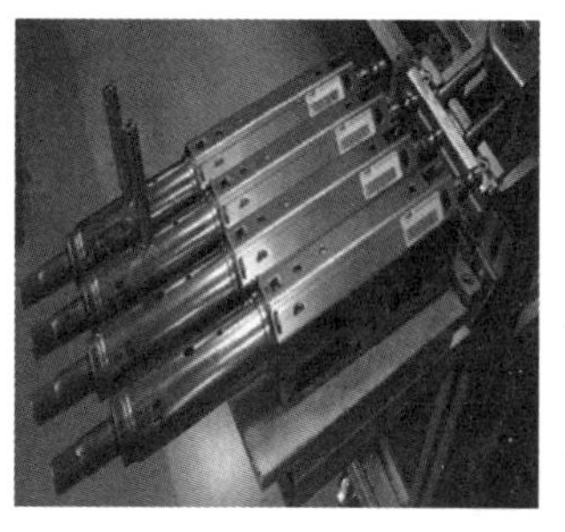
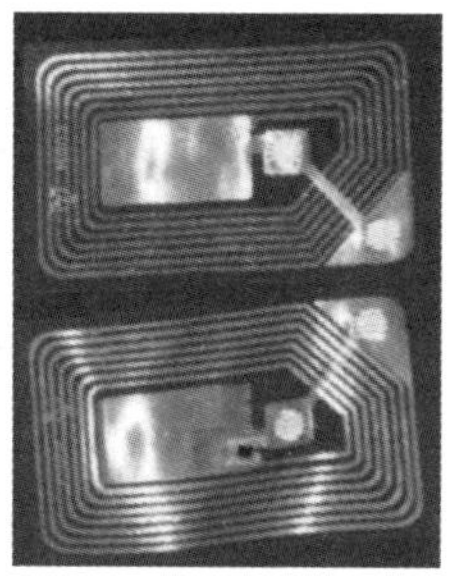

图5-7 常见的编码

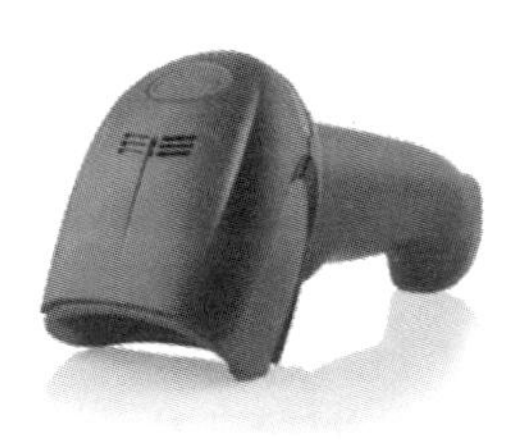

图5-8 编码读写设备

（2）实时数据的采集与质量管控。智能装配生产线设备的数据一般是通过特定的接口从设备上获取，如图5-9所示。通过控制器可以获取设备的工艺数据。数据采集接口采用国际标准的用于过程控制的OLE（OLE for process control，OPC）接口，OPC接口利用微软的COM/DCOM技术来达成自动化控制的协定，为现场设备、自动化控制应用、企业管理应用软件之间提供了开放、统一的标准接口，使得生产过程和工厂自动化的系统、设备、驱动器能自由连接与通信。通过实时的数据采集与分析，检测异常事件的发生，并分析原因，及时警告或制止对应的生产活动，以减少损失，从而形成生产过程的闭环控制。如图5-10所示。

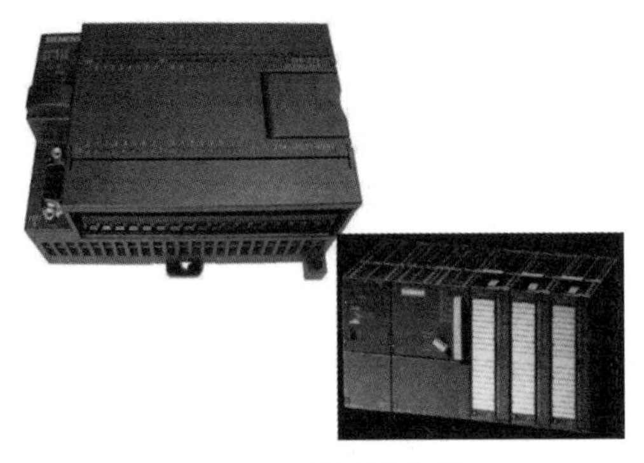

图 5-9　可编程控制器

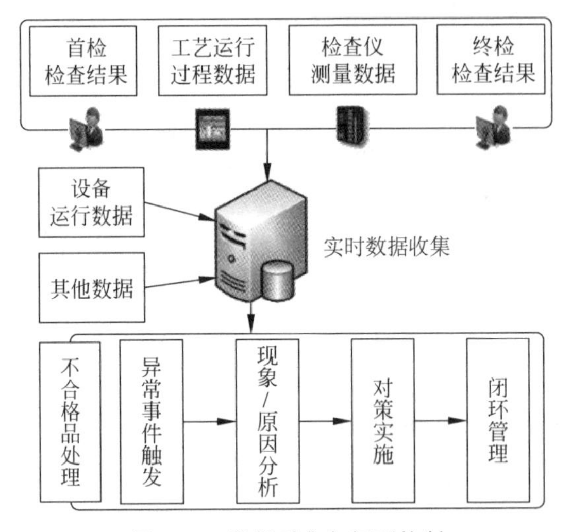


图 5-10　数据采集与闭环控制

# 5.2　几类智能装配生产线

以下介绍典型产品。

## 5.2.1　智能脉动式装配生产线

本小节以飞机产品装配为例，介绍智能脉动式装配生产线。飞机装配是飞机制造过程中最为重要的环节之一，其装配技术和装配质量直接影响产品的性能及可靠性。随着我国航空工业的高速发展，传统机库式装配模式由于装配效率低、劳动强度大、作业管理困难，无法满足现代飞机装配周期短、节奏快、精度高的生产作业需求。由于机库式装配存在的种种问题，飞机制造业逐渐引进脉动式装配生产线这一最新装配方式，脉动式装配生产线逐渐成为目前飞机产品装配过程中最常见的生产线组织模式。

**1. 脉动式装配生产线的概念及特点**

飞机脉动式装配生产线最初由 Ford 公司的移动式汽车生产线衍生而来，其通过设计飞机装配环节中的各个流程，完善人员配置与工序过程，把装配工序均衡分配给相应的作业站位，让飞机以固有的节拍在站位上进行脉冲式移动，操作人员则要在固定站位完成飞机生产装配工作。脉动装配生产线还可以设定缓冲时间，对生产节拍要求不高，当生产某个环节出现问题时，整个生产线可以不移动，或留给下一站位去解决，当飞机的装配工作全部完成时，生产线就脉动一次。整条生产线由 4 部分组成：脉动主体、物流供给系统、可视化管理系统、技术支持。

(1) 脉动主体包括站位设施、对接定位设备、可移动的装配设备等。

(2) 物流供给系统包括 AGV 车、完备的配套和配送系统。

(3) 可视化管理系统包括现场可视化系统、ERP 与 MES 无缝融合的信息管理系统、工作现场的固定和移动终端。

(4) 技术支持包括质量保障、生产现场问题应急处理。

脉动式的装配方式改变了传统飞机装配的生产模式，有效缩短了生产周期，提高了装配的质量和效率。与传统装配模式不同，飞机脉动装配生产线具有以下特点：

(1) 生产具有明显的节奏性。用户需求和产能决定了脉动装配生产线的迁移速度，生产线能够做到均衡生产，并按设定的节拍完成脉冲式移动，装配过程流畅，不会产生挤压或脱节。

(2) 工位专业化程度高。飞机脉动式装配生产线将指令分配至各站位，站位内仅完成固定指令的操作，生产线分工明确细致，工作量单一重复，生产效率比较高。

(3) 装配进度易于掌握。各个站位工作小组要在限定的节拍内完成相应的装配任务，飞机装配进度可通过飞机所在站位位置来获取。

(4) 自动化程度高。生产线上配备了专业的自动化设备和先进的供给线，有效降低了生产过程中的人为误差。

**2. 智能脉动式装配生产线技术应用**

在脉动式装配生产线的初始设计过程中，按飞机总装配的年产量需求设计脉动式装配生产线的节拍，并对各个站位的工作内容进行划分。脉动式装配生产线可设置多个站位，如图 5-11 所示，各站位的主要任务分别为部件对接、机械系统安装，特设系统安装，系统实验，通电联试，交付等。同时，生产线的基础设施配备有先进的数字化对接调姿设备、激光跟踪仪测量设备、整机线缆检测设备、智能工具柜等，为生产线智能制造技术的应用奠定了基础。总装脉动生产过程中智能制造技术的应用依托数字化、信息化软硬件平台环境，能够达到智能制造的发展目标。

1) 生产线智能管控系统

在实际应用过程中，广义的企业智能管控业务主要由企业的 ERP、PLM、SCM 和 MES 系统等共同完成市场分析、经营计划、物料采购、产品制造及订单交付等各

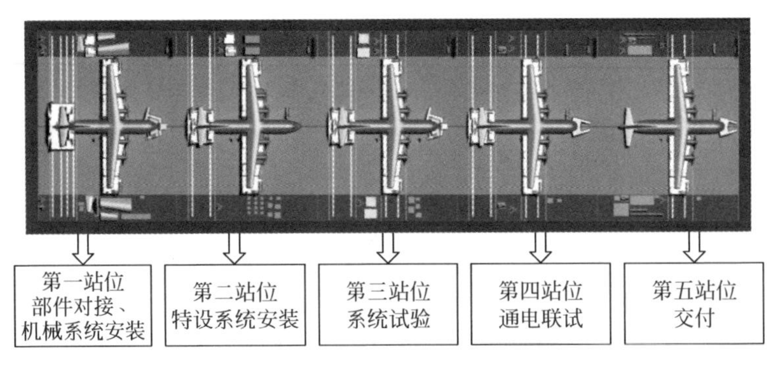


图 5-11　脉动式飞机总装生产线示意图

环节的控制与决策。对于飞机总装生产线来说,生产线智能管控系统以主生产流程模型为驱动,以多源信息感知网络采集的数据为输入,通过计划自动分解与下达、调度派工管理、装配现场管理、物料管理、工具管理、设备管理、人员管理和质量管理等一系列功能,使总装现场能够按照订单要求有序运行。通过该系统,企业决策者能够掌握企业自身的生产能力、生产资源及所生产的产品,能够调整产品的生产流程与工艺方法,并能够根据市场、客户需求等动态信息做出快速、智能的决策。

2）物料精准配送系统

为了保障总装脉动生产线平稳顺畅地运行,总装车间物料精准配送系统必不可少,如图 5-12 所示。系统硬件主要包括物品吊装机构、物料运输小车、装配执行机构、手工作业机构、物料分拣装置等。系统运行过程中,以物料配送主流程模型为驱动,以生产管控系统数据为输入,通过物料配送系统实时自动监控管理,实现物料仓储补给、现场配送预警,保证生产线物料按需、定时、定点精准配送。在物料标识方面,系统首先对各个产品及流动辅助物体贴上可识别的 RFID 码,然后采用条码自动读写硬件技术将条码符号所代表的数据转变为计算机可读写数据,形成物料与计算机之间的数据通信。

3）智能工具管理系统

飞机总装作业工具的使用数量大、种类多,对工具状态信息的有效管理可极大地节省人力、物力。飞机总装生产中利用 RFID 技术开发智能工具管理系统,系统可使借还人通过身份识别打开工具柜。在对工具进行借用时,工具表面粘贴有 RFID 识别标签,经阅读器处理分析将结果传输至计算机,因此免去了以手写登记的方式记录工具借存状态的环节,同时也对工具的清点定位起到了重要作用。在查找遗忘、丢失工具时,工具的主动式 ID 可发出信号,通过使用检测设备进行扫描定位,可以快速、准确地找到丢失的工具。

4）飞机部件智能装配系统

飞机部件智能装配单元是飞机总装智能生产中不可或缺的组成部分,智能装配单元以部件装配和检测仿真模型为驱动,以激光跟踪仪测量数据为输入,采用大部件对接误差实时测量与自适应控制系统实现部件数字化装配与测量的闭环工作

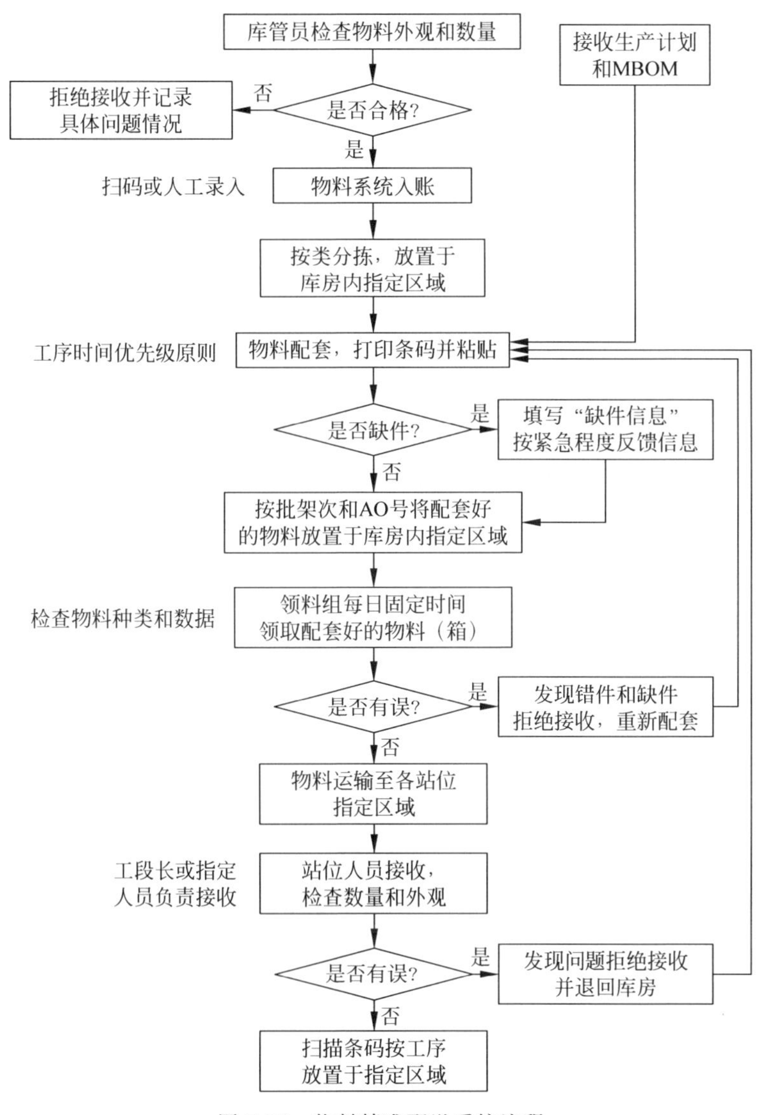


图5-12 物料精准配送系统流程

模式。在飞机智能总装生产线中包含智能柔性工装系统、智能自动钻铆系统、智能机器人系统、智能对接装配系统等，通过各个智能装配单元之间相互联系、相互配合，最终可建设形成高度集成的智能生产线。

5）飞机装配生产线智能健康监测

生产线健康监测管理是通过对设备运行状态的监控、诊断、预测和维护来管理设备，以保证设备利用率能够达到最大值。由于设备在装配过程中不断地生产加工，其磨损和腐蚀程度也会不断递增，若没有进行相应的设备维护，则该设备的健康状态有可能会进一步衰退甚至会发生故障。因此，对设备的预测在设备健康管理中占据重要的支撑地位，其主要内容包括预测设备的健康等级、剩余使用寿命及需要维护的时间节点等，通过及时向企业生产人员及管理者发出预防警告，在由于设备故障造成装配线停机之前，尽可能地将企业的损失降到最低，控制企业设备的维护成本，提高生产效率。

利用各种传感器和数据处理方法对自动化装配设备的健康参数数据采集，实现对装配设备健康参数的实时感知；通过对设备状态、设备特征运行参数及设备运行指标等信息的分析，对采集到健康特征参数进行数据处理、数据规范，实现对故障参数化描述，由故障的参数化描述导出故障的风险度评价模型，对设备健康状态进行求解，并对设备健康状态进行定量化描述；对自动化装配设备故障发生规律建立数学模型，将设备健康指数进行回归拟合，建立设备健康指数评价公式，实现基于健康指数对设备健康状态进行综合评价，实现对自动化装配设备的全生命周期管理，从而将传统的事后维修转变为事前维修，实时监控设备的健康状态，维护设备的安全性、可靠性，节约维修保障成本，保证生产线的产品质量与生产效率。

**3. 脉动式装配生产线的发展趋势**

脉动式装配生产线很好地继承了汽车移动式生产线的思路，在飞机制造企业实现成功应用并取得了一系列成果经验；因此，其他领域的军工生产企业对脉动式装配生产线开始深入研究，在航空工业的多个领域扩展了脉动式装配生产线的应用，主要有以下 4 个方面的发展：

(1) 从飞机向其他产品发展。波音公司最先尝试把脉动式装配生产线引入军工产品制造的其他领域。2008 年，波音公司为美国军方新一代 GPS 制造卫星建成了脉动式装配生产线，尽管只承担了 12 颗卫星的制造任务，而仅仅在第 4 颗卫星的制造中才能用上脉动式装配生产线，但是波音公司还是在极小批量、极复杂的产品生产中，成功地运用了脉动式装配生产线。法国的斯奈克玛(Snecma)公司改变了传统的继承 GE 在立式固定机架上“穿糖葫芦”式的总装过程，于 2011 年实现了 CFM56 发动机的脉动装配，将装配周期缩短 35%，这条脉动式装配生产线也可用于 LEAP 发动机的装配。巴布科克国际(Babcock International)在生产豺式巡逻车中采用了由 12 个站位组成的脉动式装配生产线并配有脉动生产管理系统，达到了日产 1 辆巡逻车的水平。脉动式装配生产线在军工制造领域的广泛应用，彻底打破了航空和复杂军工生产不能采用流水线生产的制约，为发展航空工业的生产力提供了无限的可能。

(2) 从总装向部件延伸。最近两年关于飞机部件装配采用脉动式装配生产线的报道逐渐增多，并且有部件脉动式装配生产线优先于总装配线建设的趋势。如在生产 C-17 运输机的发动机悬架时，采用脉动式装配生产线使装配周期缩短 20%，降低成本 10%。波音 787 复合材料结构的水平尾翼和垂直尾翼的脉动式装配生产线、空客 A350 的复合材料机身蒙皮壁板的脉动式装配生产线也陆续投入使用。部件采用脉动装配时受企业外部供应链影响较小、易于成功、见效快，也是近来部件脉动装配生产线发展较快的原因。

(3) 从制造向维修延伸。2003年，英国空军和英国宇航公司BAE引入脉动式装配生产线使鹞式飞机的修理和维护周转时间减少到原来的75%，节省了成本的25%，显著地提高了飞机的出勤率。2005年，美国波音公司在进行KC-135运输机的返厂维修中，使用脉动式装配生产线将维修周期缩短了18%，从而获得了美国的精益优秀奖。德国汉莎航空于2010年建成CFM/V2500发动机的精益脉动式装配生产线进行发动机的分解、检修和重装，使大修周期从60多天缩短到45天。另外，英国在维修"阿帕奇"直升机时，也采用了脉动式装配生产线。航空产品的修理和维护是手工作业最多、不确定性最严重的领域。在飞机和飞机发动机的修理和维护中采用脉动式装配生产线是航空工业特有的创新。

(4) 向自动化、集成化发展。最近10年，航空制造技术，特别是基于MBD模型的数字制造技术有了突破性发展。MBD模型在产品全生命周期的贯彻，简化了制造、测量和检验、数据采集的过程，更有利于智能化和自动化设备的利用。现行的脉动式装配生产线的装配过程仍然以手工为主。从汽车生产自动化移植到飞机制造的"集成装配线"(integrated assembly line，IAL)是目前最先进的飞机制造技术。集成装配线IAL实际上就是一种自动化、智能化的脉动式装配生产线。它最大化地使用机器人和自动化设备，为飞机生产提供更加强大的制造和装配能力，实现了用手工方法很难达到的严格质量要求，并提供了一个更有效率的装配环境。集成装配线包括自动化的装配工装系统、运输系统和制造系统，对全部设备通过工厂的通信系统进行集中的和无线的控制。IAL的核心是一组精确制导的自动引导车AGV，它将装配的构件、工具和其他一切必要的准备从一个工作站移动到下一个。2012年4—10月，F-35的大部件分包商诺斯罗普·格鲁门和BAE分别宣布了它们的"集成装配线"开始运行，并开始交付在IAL生产的中机身和后机身部件。2013年，F-35的水平尾翼和垂直尾翼组装也在IAL上进行。IAL成为美国每天生产一架F-35飞机的不可缺少的装备。

**4. 对脉动式装配生产线发展的思考**

脉动式装配生产线是建立在精益制造、柔性制造、智能制造等现代先进制造理论和管理思想基础上的，在飞机生产中采用脉动式装配生产线是世界主流的发展趋势，也是我国飞机制造技术发展必须经历的阶段。从理论上说，传统的大规模生产过细分工的装配线是不适合构型变化多端的飞机生产的，解决这一矛盾的主要方法有：采用精益制造原则和方法；将装配作业均衡地分解到适当规模的几个站位上完成；采用柔性化和大规模定制生产方式和生产设备。

因此，采用脉动式装配生产线会产生一种新的生产模式，如建立总装按一定节拍拉动整个企业活动的新的生产秩序。整个企业在总装配生产的拉动下，精准、高质量地协同工作；形成尽可能减少浪费、高效率、高增值比的工作过程，使飞机装配周期大幅度缩短,成本得到有效控制;简化整个企业的计划管理和生产现场排序,使管理人员有更多的精力保证部门之间的协同和处理例外问题;装配作业采用标准化工作、自主的质量保证制度,比传统的总装方式提高了企业各个环节的工作质量。

国内飞机制造企业建立和应用脉动式装配生产线任重道远,其应用环境和建线时必须注意以下几个问题:

(1) 生产大纲明确。对前途不明朗和生产任务不确定的型号,不宜建立装配线。波音 717 就因对需求量预测不准确而"下马",总装配线只运行了不到一年的时间。

(2) 飞机的总产量与建立脉动式装配生产线的周期和成本要平衡。建装配生产线需要时间,花费成本,若装配线刚建成飞机就停产了,显然建线就没有了意义。波音的卫星脉动式装配生产线仅仅用来建造 12 颗卫星,但是每颗卫星的建造周期长;P-8A 海上预警机总产量也就 100 架左右,波音公司为它们建立了移动装配生产线。实际上,在确定建立生产线之前要经过很长时间的论证和权衡,洛克希德·马丁公司在 2002 年为能否采用脉动装配进行了长达 8 个月的争论。

(3) 有精益制造的思想和技术。建立脉动式装配生产线最大的问题是企业需要有较好的精益制造基础,企业领导班子要有对精益思想的理解和信仰。企业必须有应用各种精益方法的积累,如拉式计划管理、均衡生产、单件流、价值流分析、标准化工作、JIT 配送、精益的自主质量管理方式等。

(4) 解决好脉动式装配生产线设计的技术问题。脉动式装配生产线的建设是一个复杂的制造系统设计的项目。从价值流分析、新系统设计到部装生产线的建设及配套的可视化和信息化等,是一个涉及整个企业的系统工程。需要预先规划好,不要陆续"补课"。

(5) 注重飞机装配生产线的全局性。脉动式装配生产线不是总装车间或分部自己的事,而是整个企业生产管理和运作方式的变革。不能靠一个部门建设,而应由整个企业的意志和协同精神所支撑。

(6) 做好脉动总装与脉动部装的权衡。目前,世界各国大多采用的是脉动式总装线,他们具备完善的全球供应链,可以很好地运行脉动总装线;而国内的成品件、原材料等供应环节不够完善。中国航空企业在介入脉动式装配生产线时,不妨从相对容易实现的脉动部件装配线入手。

## 5.2.2 大批量智能装配流水线

### 1. 大批量生产线的概念及特点

大批量生产又被称作重复生产,是生产大批量标准化产品的生产类型。其基本特征是基于单一品种或很少几个品种进行大量的重复生产,即当同类产品的生产数量和生产规模达到一定程度时，为提高生产效率和管理水平所采取的一系列生产技术措施。

大批量生产基于产品或零件的互换性、标准化和系列化的应用，其刚性生产线大大提高了生产效率，降低了生产成本。大批量生产的显著特点是产品结构稳定、自动化程度高。所以大批量生产对提高产品质量、降低劳动工时和物料消耗、缩短生产周期和加速资金周转都会产生良好的效果，并有利于减少手工劳动操作的比重，可使产品或零部件的加工精度严格限制在规定的技术要求之内，增加产品或零部件的互换性。在正常生产条件下，大批量生产技术可使各道生产工序的劳动力和设备得到充分利用，建立科学的生产工序，保证各生产环节合理的比例关系，便于采用各种先进的生产组织方式。但是大批量生产线的缺点也相当明显，大批量生产以牺牲产品的多样性为代价，生产线的初始投入大，建设周期长，刚性生产无法适应变化越来越快的市场需求和激烈的市场竞争。

**2. 大批量生产线的分类与设计**

在生产对象有稳定的社会需求和较大的需求量，具有相对成熟甚至标准化的产品结构和生产工艺，原材料、协作件标准化，并且可及时供应的生产条件下，可以考虑建立大批量流水生产线。流水生产线的分类如图5-13所示。

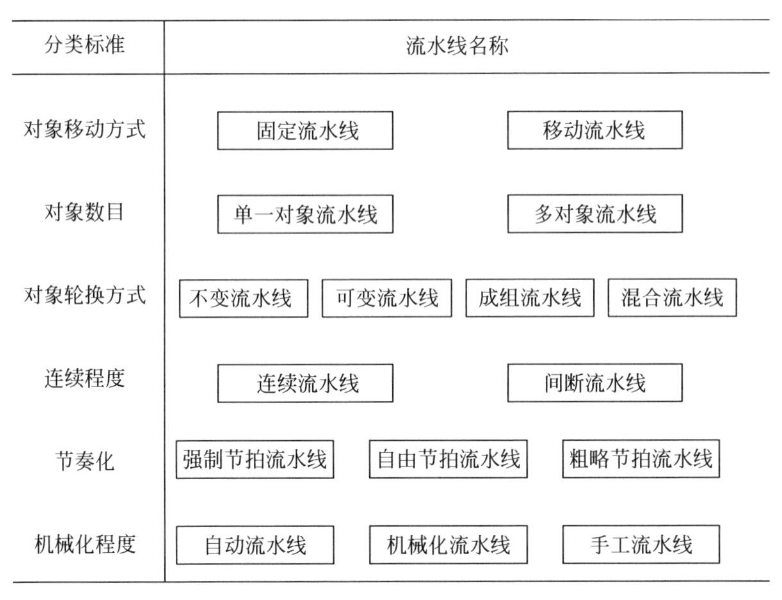


图5-13　生产流水线的分类

下面以单一对象流水线进行流水线的组织设计。

1）计算流水线的节拍

节拍是流水线上连续投入或产出两个制品的时间间隔：

$$r=\frac{T}{n} \tag{5-1}$$

$$T=T_0K \tag{5-2}$$

式中 $r$——节拍；

$T$——计划期有效工作时间；

$n$——计划期产品产量；

$T_0$——计划期制度工作时间；

$K$——时间有效利用系数，一般取 0.90～0.96。

2）工序同期化

工序同期化是指通过采取技术组织措施调整工序时间，使之尽可能与节拍相等或与之成整数倍关系的过程。经过工序同期化后，要求每道工序的单件加工时间与节拍的差异不超过节拍的 10%。

工序同期化具体措施包括：进行工序合并或分解使各工序时间均接近于节拍或节拍的整数倍；改变加工工艺参数，改变加工时间；采用高效专用工艺装备，减少辅助时间；改进工作地布置与操作方法等。

3）计算流水线的设备数量及设备负荷率

（1）工作地（设备）数量：

$$\acute{S}_i=\frac{t_i}{r} \tag{5-3}$$

式中 $t_i$——$i$ 工序的单件工时。

（2）$i$ 工作地实配设备数量（整数）：

$$S_i=[\acute{S}_i] \tag{5-4}$$

式中 $S_i$——大于 $\acute{S}_i$ 的最小整数。

（3）$i$ 工作地的负荷率：

$$\eta=\frac{\acute{S}_i}{S_i} \tag{5-5}$$

（4）整个流水线的负荷率：

$$\eta_{总}=\frac{\sum \acute{S}_i}{\sum S_i} \tag{5-6}$$

4）计算工人人数

（1）以手工操作为主的流水线的工人数：

$$P_i=S_iW_ig \tag{5-7}$$

$$P=\sum P_i \tag{5-8}$$

式中 $P_i$——$i$ 工序的工人总数；

$S_i$——$i$ 工序的工作地数；

$W_i$——$i$ 工序工作地同时工作的人数；

$g$——每日工作班次；

$P$——流水线的工人人数。

（2）以设备加工为主的流水线的工人人数：

$$P = g\frac{N}{S_{看}}(1+b) \tag{5-9}$$

式中　$N$——流水线总设备数；

$S_{看}$——平均设备看管定额；

$b$——后备工人与上岗工人之比。

5）确定运输方式，选择运输装置

对于工序同期化程度高，工艺性好，加工对象稍重，体积稍大，可严格按节拍出产复合精度要求的产品，宜采用强制节拍流水线（连续流水线）；对于采用辊道、重力滑道、运输小车等运输装置的流水线宜采用自由节拍或粗略节拍流水线（间断流水线）。

6）流水线的平面布置

流水线的平面布置原则是使运输路线最短，其布置形式包括直线形、山字形、L 形、O 形、S 形、U 形等，工作地的排列方式又可分为单列和双列，如图 5-14 所示。

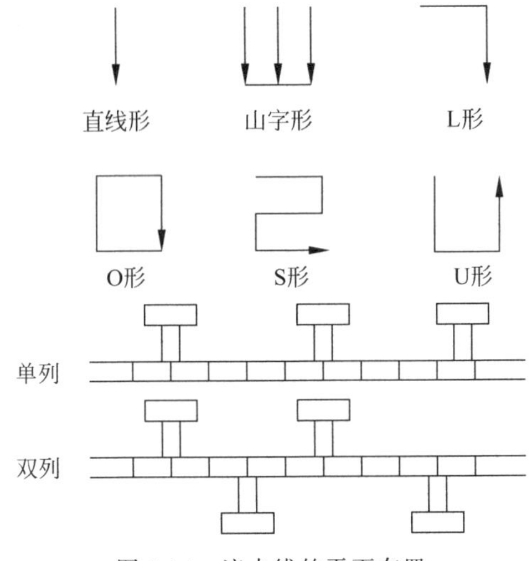


图 5-14　流水线的平面布置

7）编制流水线标准计划指示图表

流水线的标准计划指示图表规定了流水线的工作制度和工作运行的各项期量标准，是编制该流水线生产作业计划的重要依据。

**3. 大量流水生产作业计划工作**

大量流水生产作业计划工作的内容包括期量标准的确定、生产作业计划的编制、流水线生产管理。

1）流水生产作业计划期量标准的确定

期量标准是为制造对象(产品及零部件)在生产期限及数量方面规定的标准数据,它决定了生产过程各环节之间在生产数量和期限之间的衔接,保证了生产过程的连续性和均衡性,是编制生产作业计划的重要依据。常用的期量标准有节拍、流水线标准工作指示图表(标准计划指示图表)、在制品占用量(定额)。

(1) 流水线标准工作指示图表。连续流水线是连续地进行重复生产,其作业指示图表应明确标注规定的工作时间长度和休息时间,如图 5-15 所示。

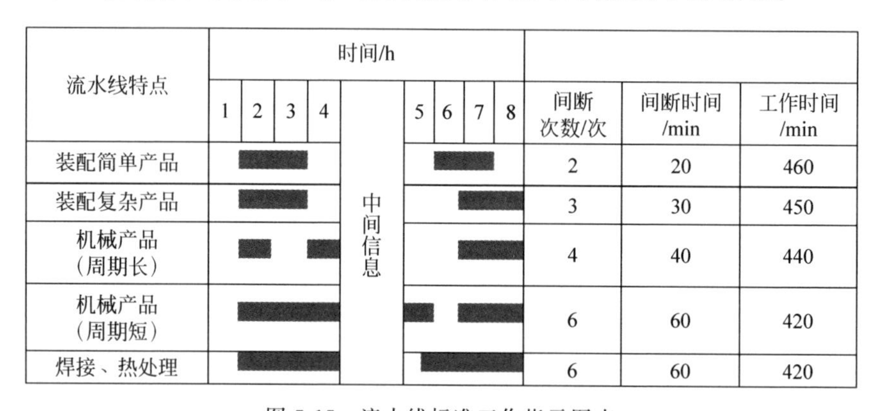

| 流水线特点 | 时间/h | | | | | | | | | 间断次数/次 | 间断时间/min | 工作时间/min |
|---|---|---|---|---|---|---|---|---|---|---|---|---|
| | 1 | 2 | 3 | 4 | 中间信息 | 5 | 6 | 7 | 8 | | | |
| 装配简单产品 | | | | | | | | | | 2 | 20 | 460 |
| 装配复杂产品 | | | | | | | | | | 3 | 30 | 450 |
| 机械产品(周期长) | | | | | | | | | | 4 | 40 | 440 |
| 机械产品(周期短) | | | | | | | | | | 6 | 60 | 420 |
| 焊接、热处理 | | | | | | | | | | 6 | 60 | 420 |

图 5-15　流水线标准工作指示图表

(2) 在制品占用量(定额)。大量流水生产过程较为稳定,生产过程各个环节上的在制品量往往也波动较小。若生产过程的某些环节在制品数量发生异常变动,则反映出生产组织中可能出现了不正常情况,因而控制生产过程各环节上的在制品数量是大量流水生产组织的重要管理手段。其中,在制品是指从原材料投入生产到成品入库为止,处于生产过程各工艺阶段尚未完成的各种制品的总称;在制品定额则是指在一定时间、一定工艺阶段和生产环节、一定的生产组织条件下,为保证生产连续、均衡进行所规定的在制品数量标准。

在制品占用量构成如图 5-16 所示。

① 流水线内工艺占用量 $Z_1$ 是指正在工作地上加工、装配或检验的在制品数量,即

$$Z_1 = \sum_{i=1}^{m} S_i g_i \tag{5-10}$$

式中　$S_i$——$i$ 工序的工作地数;

$g_i$——$i$ 工序每个工作地同时加工的在制品数量;

$m$——工序数。

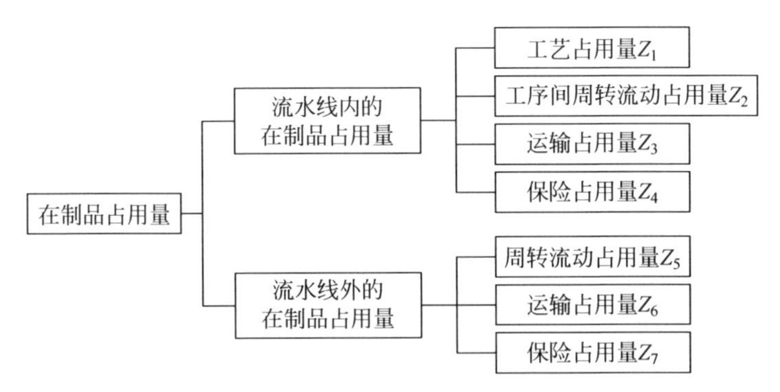


图5-16　在制品占用量的构成

② 流水线内工序间周转流动占用量 $Z_2$ 是指间断流水线由于前后相邻两道工序单件加工时间与节拍不等或不成整数倍(生产率不等)形成的在制品和为了使每个工作地连续完成看管期内的产量,在工序之间建立的在制品占用量。

将看管期根据相邻两道工序参加工作的工作地数变化情况划分为若干时间段,再计算每个时间段在制品占用量的最大值,确定工序间周转在制品占用量为各工序间在制品占用量之和:

$$Z_2 T_i = \frac{S_{供} T_i}{t_{供}} - \frac{S_{消} T_i}{t_{消}} \tag{5-11}$$

式中　$Z_2 T_i$——$T_i$ 时间段在制品的最大占用量,正值表示相邻两工序之间在该工作时间结束时形成的最大储备量,负值表示相邻两工序之间在该工作时间开始时必须准备的周转储备量;

$S_{供}$——供应工序的工作地数;

$S_{消}$——消耗工序的工作地数;

$t_{供}$——供应工序的单件工时;

$t_{消}$——消耗工序的单件工时。

③ 流水线内运输在制品占用量 $Z_3$ 是指流水线上各工序之间正在运输或置于工位器具内待运输的在制品数量。

④ 流水线内保险在制品占用量 $Z_4$ 是指为保证流水线遇到偶然突发事件(工序废品超量、工具意外损坏、设备突发故障)能保证生产正常进行而设置的在制品数量:

$$保险在制品占用量 = \frac{为恢复正常工作所需的最短时间}{该工序的单件加工时间} \tag{5-12}$$

⑤ 流水线间周转流动在制品占用量 $Z_5$ 是指保证相互关联的多条流水线生产连续设置的在制品数量标准:

$$Z_5 = T_{高}(\rho_{供} - \rho_{消}) = T_{高}\left(\frac{1}{r_{供}} - \frac{1}{r_{消}}\right) \tag{5-13}$$

式中 $T_{高}$——高生产率生产线的每日工作时间；

$\rho$——生产率；

$r$——节拍。

⑥ 流水线间运输在制品占用量 $Z_6$ 是指发生在前后流水线之间在运输过程中的在制品量，若前后流水线较近，可以忽略不计。

⑦ 流水线间保险在制品占用量 $Z_7$ 是指为预防生产过程中供应流水线发生故障，影响后续流水线连续生产而设置的在制品数量。它是流水线之间预期所需在制品的最低数量。

2）生产作业计划的编制

在大量流水生产形式下，主要采用在制品定额法进行生产作业安排，生产对象在各工艺时间上的衔接关系可转化为数量上的衔接。在制品定额法是以在制品占用量定额为主要依据，按照工艺过程反顺序确定各车间投入和产出数量的计划方法。这种方法的基本原则是按反工艺顺序，从后面向前环环相扣进行计算。先按生产计划规定的任务确定后生产单位的出产量，然后考虑其在制品的保证情况、废品出现情况、损耗情况等来确定最后生产单位的投入量。在计算出最后生产单位投入量的基础上，加上最后生产单位与其前面生产单位之间的库存半成品定额和有无半成品的需要等情况，确定其前面生产单位的出产量。以此类推，向前推算出各前后生产单位的出产量、投入量，直到最先生产单位。

3）流水线生产管理

流水线生产是一种劳动对象按照一定的工艺路线、顺序通过各个工作中心，并按照一定的生产速度完成作业的连续重复生产的生产组织形式。流水线生产管理就是对生产现场的一种规范管理。流水线生产上的单向性、连续高效性、专业化、平衡性和主导性等特性决定了厂内物流作业必须服从和服务于生产工艺流程的需要，以它为核心交织在生产工艺流程中，所以厂内物流具有很强的配合性、动态性、集散性和均衡性，同时这种特性又随着生产环境、条件、市场、产品型号、加工工艺的改变而改变，并重新达到优化和平衡。

流水线生产管理比流水线的组织和设计更加重要，一旦管理不当，将会功亏一篑，达不到预期的目的。在流水线生产的管理和实施中需要注意以下事项：

（1）流水线控制最重要的一点就是平衡，因此做好生产流水线的平衡工作是最基础的。

（2）在流水线上指定一个关键工序为质控点，安排一名组长在流水线最后一个工位进行初检，因为有些产品可以即时检修。

（3）计算好节拍及利用率、设备完好率及维修率、材料一致性等，主要是标准作业程序（standard operating procedure，SOP）的掌控。

（4）注意流水线的堆积问题，流水线上一旦出现了堆积应立即进行协调处理。

（5）产品各工序分布要均匀，人员管理纪律要统一。

流水线生产管理是生产企业的关键环节，企业需要做好现场的管理和规范工作，只有一个井然有序的生产现场，才能保证生产流水线畅通无阻，才能更好地提高工作效率。

### 5.2.3　多品种混流装配生产线

**1. 混流装配生产线概述**

当代社会信息技术的快速发展加快了全球的经济化、一体化、市场化和信息化，从根本上改变了经济运行的环境，大大缩短了企业生产和客户间的距离。在这种条件下，企业处于更加开放和竞争更加激烈的环境中，也给企业带来了更多的要求，主要表现为产品更新换代的速度越来越快，只有缩短产品的开发时间和生产时间，才能够以最快的速度把产品推向市场，率先占领市场，满足用户的需要，获得尽可能高的用户满意度。由于产品的需求变动越来越频繁，产品的更新速度也越来越快，企业必须以用户和市场需求为导向来安排生产。为满足个性化需求越来越高的消费者，企业的市场销售已经从过去的“以产定销”改变为“以销定产”。

目前国内汽车企业的生产模式大多已经从原来的单线大量生产逐渐向混流多品种小排量模式过渡。混流生产线是一种柔性系统，这种生产线既可以生产大批量标准化产品，又可以生产小批量的非标准化产品。混流生产线是很多企业摆脱产品更新换代快和个性化需求的最好的选择，也是企业赢得竞争的主要手段之一。日本、美国及欧洲一些发达国家混流装配生产线已经广泛应用。

尽管混流装配生产线的发展前景很宽广，但这种技术的不成熟使得混流生产线面临诸多问题：生产线工艺不平衡，工艺布局不合理，投产顺序有待优化。生产线工艺平衡主要以工位为单位，每个工位装配时间和装配的区域固定，为各个工作台分配任务，涉及作业设施的重新布局和员工的培训，所以平衡工作不宜频繁进行，是一项中长期决策；设计多品种混流装配生产线就是前期先设计好每一个品种的主体生产线，建立好每一个品种的主体工艺布局，然后研究如何将主体工艺布局进行关联结合。一条装配生产线在每个主体生产线上有关键的主体工艺，使这些工艺有机结合起来，最后得到合理的工艺布局；为使混合装配生产线高效运行，需要解决的另一基本问题是排序问题。其研究内容涉及在满足特定的约束条件下，如何将多个品种的待装配产品按照合理的排产顺序投放到装配线上，实现混合装配并达到要求的目标，它属于组合优化的范畴。

**2. 混流装配生产线的平衡设计**

混流装配生产线平衡包括两类：初次平衡与再平衡。传统的研究主要针对初次平衡，并将其简称为混装线平衡；由于需求模式、技术变化等原因导致原来平衡的混流装配生产线不再平衡，需要进行的重新平衡称为再平衡。产品装配工艺以工位为单位，每个工位的装配时间和装配区域固定。工位操作时间分为周期装配时间和单件装配时间。周期装配时间是指产品经过工位的固定时间，一般流水线传送速度一致，经过一个工位所需要的时间为周期装配时间。设计多品种混流装配生产线的目的就是制造成形产品，企业根据产品制造的工艺需求设计一条符合工艺制造要求的生产线。

现今，工艺平衡存在的难点是如何在一条生产线上将不同产品的工艺进行平衡。不同产品的整体装配工艺周期时间不同；装配工艺要素不同，会导致每个岗位有饱和操作要素与空闲操作要素并存的现象，这样对企业的生产运作会造成巨大的浪费。混流装配生产线是在满足所有产品的加工顺序、市场需求量及其他约束的前提下，将组装任务分配给各工作地，对所有的产品都实现各工作台负荷的尽量均衡。这种生产组织方式提高了生产效率，减少了在制品的数量，增强了生产线的灵活性及适应性，因此越来越多地为生产企业所采用。

混流装配生产线的平衡方法包括混流生产线节拍的确定与生产线工作地生产要素配置和平衡计算。

根据计划期生产任务的数量和完成该任务的时间确定节拍的大小，多品种小批量混流生产线节拍是按照产品组计算节拍，即 $C_{组}=F_{e}/N_{组}$，再根据产品产量进一步确定，节拍平衡才能达到均衡生产。而影响节拍平衡的因素很多，如车间的时间规划、人员素质和能力、产品配置的改变和投入、现场布置的改变及产品与产量的比例等，因此节拍确定要进行综合考虑。

混合产品装配线工作站分配排序首先要考虑各个装配任务的优先关系，假设一条装配线生产两种产品，产品 $A$ 和产品 $B$，装配任务优先关系如图 5-17 所示。

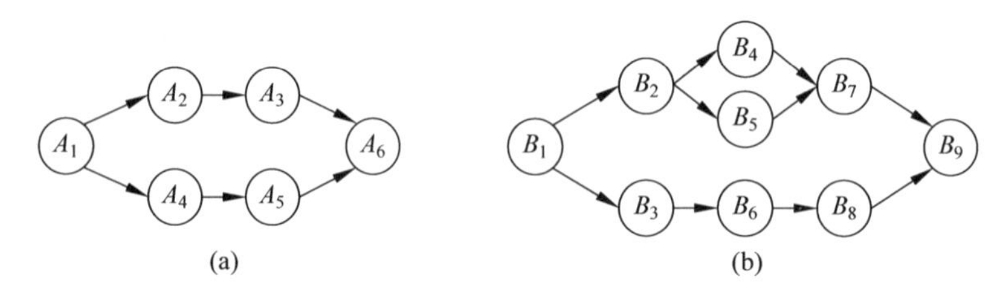


图 5-17　产品 $A$ 与产品 $B$ 的优先关系示意图

(a) 产品 $A$；(b) 产品 $B$

将产品的各个工序分配到相应的工作站，混流生产中，将每一个最小循环的产品一起放入工作地，然后对工作站的分配平衡问题进行求解。装配线平衡方法主要包括最优化方法（线性规划法、动态规划法）、启发式方法、遗传算法、方法研究和作业测定。以工业工程方法为主的生产线平衡相关技术主要有方法研究和作业测定两大技术，运用该技术的优点是使企业在不投资或少投资的情况下，不增加工人劳动强度甚至是降低劳动强度，通过实施一系列适合自身特点改善的方法，对生产过程的作业程序、作业方法、物料配置、空间布局及作业环境等各方面进行改善，达到企业对生产线的平衡进而提高生产能力，获取经济效益的目的。

**3. 混流装配生产线的仿真优化**

装配系统规划仿真就是应用仿真方法对装配系统规划方案进行分析与评价，考察规划方案中装配系统的性能是否满足要求，并使设计人员可以根据仿真结果对方案进行改进。对一个装配系统进行规划仿真通常需经过3个步骤：装配系统仿真建模、仿真流程控制和仿真结果分析。其中，建立正确的装配系统仿真模型是整个仿真过程能够正确进行并获得符合实际情况的仿真结果的基础。

计算机仿真技术在装配线的规划、设计、运行中具有十分重要的作用。在装配生产线规划设计过程中，通过计算机仿真，可以在规划、设计阶段对装配线系统的静、动态性能进行充分地预测，以尽早发现系统布局、配置及调度控制策略方面的问题，从而更快、更好地改善系统设计，避免因设计不周或调度控制策略欠佳而影响系统建成后的实际运行效率，甚至造成系统不能正常工作。在生产线系统的设计阶段，通过研究模型在不同物理配置情况和不同运行策略控制下的运行特性，可以预先对系统进行分析、评价，以获得较佳的配置和较优的控制策略。

下面以汽车装配线规划过程为例介绍仿真框架，如图5-18所示。

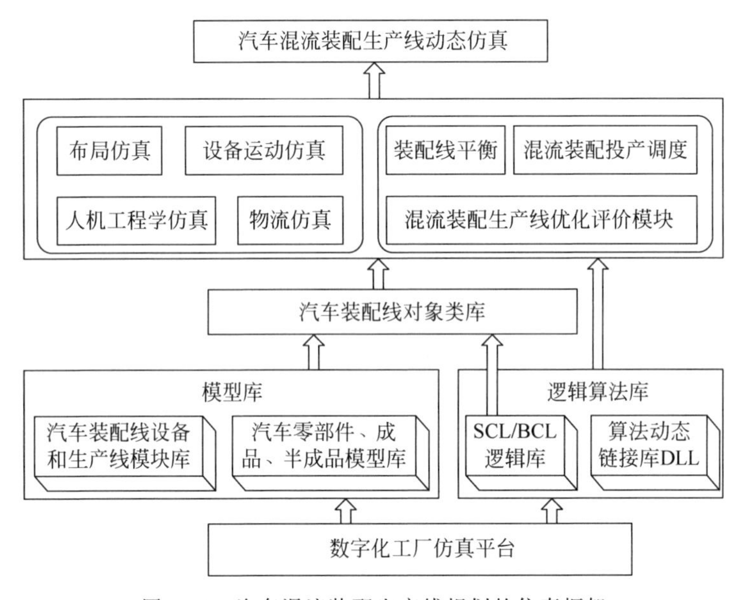


图5-18　汽车混流装配生产线规划的仿真框架

在混流装配生产线规划的仿真框架中，总支撑环境包括仿真工具、装配线设计需要的线平衡和投产调度工具及各种支撑数据库。其中，支撑数据库包括生产线规划中需要的各种设备库、装配线模块库及装配线仿真过程中需要的各种零部件、半成品、成品模型库，逻辑算法库，通过模块的有效重用，可以加快装配线规划设计的速度。

1）数字化工厂仿真开发平台

数字化工厂中的布局规划是基于数字化工厂技术实现的。数字化工厂技术是利用计算机和网络实现产品生命周期中的设计、制造、装配、质量控制和检验等功能，可在计算机虚拟环境中对整个生产过程进行仿真、评估和优化，从而解决由产品设计到制造现实的转化过程，并大大缩短从设计到生产的转换时间。

数字化工厂是建立在模型基础上的优化仿真系统。三维建模是数字化工厂的基础。基于数字化工厂的车间布局规划方法采用可视化仿真建模技术。数字化工厂仿真平台可以提供一个真实的四维数字制造环境(四维是空间的三维再加上时间维)，应用于生产的实验、分析和验证及设备的布局和生产线的可视化，同时可以快捷方便地对场景中的任何元素进行直接编辑、修改和控制，且具有强大的纹理映射和光影功能，从而使模型更加漂亮、逼真。数字化工厂仿真平台还有扩展的数据库，可以从其他三维软件读取数据，同时还可以进行二次开发，它提供了面向对象的建模方法和仿真语言建模方法，保证了仿真建模的易用性和高效率，同时又能够用仿真语言对建模方法进行扩展，保证了复杂系统的详细逻辑可以精确建模。仿真语言通常为仿真模型提供定义、创建和摧毁仿真对象、数据控制、时间推进、随机事件的处理等功能。

2) 模型库

装配线的制造环境由制造生产过程所必需的基本生产要素，如加工设备、运输小车、传送带、缓冲站、零部件、产品等构成。生产线的可视化设计实际上就是要实现这些要素的可视化建模，因此应首先建立一个包括以上各对象的模型库，以便在生产线的可视化建模时调用。模型库中的模型通常分为产品模型和设备资源模型。产品模型是用来表示制造过程中被制造物的模型，它包括目标产品、零部件毛坯及中间产品，设备资源模型也称为制造资源模型，是用来进行生产加工的各种实体。

3) 逻辑算法库

数字化工厂仿真开发平台提供二次开发接口，但没有针对汽车装配线的逻辑库及装配线平衡和调度的算法，可采用数字化工厂仿真开发平台提供的仿真语言SCL/BCL编写组成装配系统的对象类的逻辑(logics)来实现装配仿真系统中对象的特定功能及对象间的交流和通信，这些逻辑包括请求逻辑(request logic)、加工逻辑(process logic)、路径逻辑(route logic)等。算法库包括装配线平衡算法和混流模型投产调度算法，采用遗传算法进行求解，开发工具生成动态链接库DLL；同时进行二次开发，通过用户自定义宏利用DLL(动态链接库)和SCL/BCL把各种算法集成到数字化工厂仿真开发平台中，通过SCL/BCL程序调度不同的算法。

4) 汽车装配线对象类库

模型库中的各种模型主要从结构、几何外观描述产品或设备的结构外形与拓扑组成等静态信息。而要使装配线系统中的对象具有动态描述能力，从功能、信息和控制等方面复现具体设备，就要调用模块库中的模型，利用SCL/BCL逻辑库中的程序来建立对象类库实现生产对象的各种功能。对象类包括与模型相对应的对象类，也有没有模型对应的对象类。

5）布局仿真、设备运动仿真、人机工程学仿真及物流仿真

利用对象类库建立仿真系统中的实例，按照实际生产的工艺要求进行车间的布局设计；对于装配线上的加工设备，要定义其自用度 DOF 模拟机器的运动；可以在数字化工厂仿真开发平台中建立人体模型并定义其运动，同时也可以利用 IGRIP 提供工位的人机工程学建模并将其关联起来；利用逻辑库中的逻辑算法，建立装配线上设备之间的逻辑联系，仿真物料的流动，从而实现生产工艺仿真。

6）混流装配生产线平衡、调度及优化

在该环境中，集成了汽车装配线设计中所需的各种优化工具及评价工具，可以得到较优的制造系统优化结果，为装配线系统提供了良好的设计环境。混流装配生产线系统中对象类属性参数（如传送带速度、缓冲容量等）的优化可以集成优化模块来进行。同时，混流装配生产线由于产品的多样化，线平衡和投产调度更为复杂和重要，可调用动态链接库 DLL 中的线平衡算法和投产调度算法，将装配线设计过程中所需要的这些工程工具集成到仿真环境中，并可以将其计算结果通过仿真环境可视化，形成一个方便而友好的仿真环境。

在规划仿真环境中，通过在虚拟车间中进行各种布局的调整、物流的调整、工位的再设计或投产排序的调整，可以预先模拟各种调整对生产系统的影响，在规划阶段就消除了隐患。通过虚拟仿真技术可以节省在实际生产线上进行各种测试和调整所产生的费用，从而降低了产品成本。

# 5.3　典型行业应用案例

基于云计算、物联网的快速发展，整体大环境、传统制造业瓶颈、制造成本等诸多因素促使制造企业必须实现智能制造，因此智能装配生产线在工业生产领域中的应用愈加广泛。智能的计划排产、生产过程协同、设备互联互通、生产资源管理、质量过程管控、决策支持等功能可极大地提升企业的计划科学化、生产过程协同化、生产设备与信息化的深度融合，并通过基于大数据分析的决策支持对企业进行透明化和量化管理，可明显提升企业的生产效率与产品质量，是一种很好的数字化、网络化智能生产模式。

## 5.3.1　航空行业智能装配生产线

在航空航天产品生产中，生产工艺对产品生产效率和生产质量有重要影响，采用智能制造的方式不但能够提高装配生产效率，还能满足装配生产的需要，解决装配生产问题。基于航空航天装配生产的实际，智能制造的应用对航空航天装配生产具有重要影响。智能制造技术集合了人工智能、柔性制造、虚拟制造、系统控制、网络集成、信息处理等技术，由智能装备、智能控制和智能信息共同组成的人机一体化制造系统能够实现制造过程自动化、智能化、精益化、绿色化，是传统产业转型

升级发展的重要途径。因此，智能制造已成为我国航空航天制造业新一轮产业技术变革的主要方向之一。

飞机智能装配应用系统是实现飞机智能装配的重要支撑，按照飞机“组件—部件—总装”的装配流程，相关的装配系统可以分为3大类：飞机组件智能装配单元、飞机部件智能装配系统、飞机总装智能装配生产线。目前，智能传感器、射频识别技术、智能机器人、信息智能处理等一些装配基本单元和技术已在飞机装配中得到初步应用。然而，飞机装配的完全智能化还需要进行更多的系统顶层研究，尤其是对各个层次的飞机智能装配应用系统集成研究。

**1. 飞机组件智能装配单元**

与传统的航空生产车间不同，飞机智能装配单元中大量的智能设备与人组成了一个协同的智能装配环境。传感器安装在网络可用的装配区域，记录关键制造数据；RFID校验工具精度、机械状态及工人资质等；感知代理能够完成动态、调节性的过程监控，在正确的时间，将正确的信息提供给正确的人；激光发射器能够探测物体3D空间的位置；室内GPS能够提供实时的位置数据给智能手持工具，以发现缺陷；智能手持工具借助网络获取位置信息和加工需求，在加工过程中，智能手持工具又将实际位置和加工参数传递给网络，系统通过网络校验，确认操作的正确性。

**2. 飞机部件智能装配系统**

将工业机器人和特种机器人(爬行、柔性导轨及蛇形机器人)应用于飞机装配系统，将使飞机装配具备数字化、自动化、柔性化和智能化的特点。多家智能设备公司均开发了柔性导轨制孔系统，大量应用于波音、空客等飞机的装配作业。图5-19为波音公司开发的模块化柔性导轨制孔系统，其具备柔性化且满足高质量制孔要求等特点。图5-20为一种爬行机器人自动制孔系统，工作时，机器人通过真空吸盘将自身固定在飞机产品上，在视觉系统的帮助下完成位置坐标的自适应调整，在其工作空间内完成制孔作业。

图5-19 模块化柔性导轨制孔系统

图5-20 爬行机器人自动制孔系统

其他飞机部件智能装配系统还包括测量辅助机器人定位系统、多功能钻铆末端执行器、自动托架系统、力位多传感调姿定位器、调姿定位控制系统、调姿在线测量系统、调姿系统软件、AGV等。

1）测量辅助机器人定位系统

工业机器人由于其空间定位精度不高，必须进行二次定位测量标定，才能满足飞机的高精度装配要求。其承载力、运动惯量、铆接冲击力、末端执行器重心的变化等会影响工业机器人的空间定位精度，因此，针对工业机器人不同的作业要求，在其末端执行器上安装了六自由度测量仪或者制作专用的标定工装。通过测量机器人当前的空间位姿，与系统设定的位姿进行对比分析，计算出机器人的位姿偏差矢量信息与其补偿量，通过对机器人进行误差补偿来实现其精准定位功能。

2）多功能钻铆末端执行器

多功能钻铆末端执行器具有照相测量、法向检测、自动制孔、自动铆接等功能，是多种智能特性的集成体，能够提高装配柔性、装配效率及降低成本。多功能钻铆末端执行器主要由照相测量单元、法向测量单元、自动制孔单元和自动铆接单元等组成。

（1）照相测量单元。控制系统通过以太网发送采集命令，同时打开光源，在光源的照射下，CCD照相机开始拍摄工件的图像。通过图像处理与分析软件分析待测工件的图像，得出待测工件的尺寸参数，计算出定位孔的坐标值，并与理论坐标相比较，判断工件定位孔的位置偏差，并且通过数据线把数据反馈给控制系统进行二次定位，保证了最终的孔位置度。

（2）法向测量单元。法向测量单元用于检验和调整钻孔和铆接时末端执行器与蒙皮表面的位置关系，保证钻铆操作时的法向精度，提高钻铆质量。

（3）自动制孔单元。自动制孔单元用于完成蒙皮与铝合金等夹层材料的制孔操作，其设计制造需综合考虑钻孔主轴电气参数、安装尺寸和安装方式等因素，避免与其他单元部件产生干涉。

（4）自动铆接单元。自动铆接单元主要用于完成制孔后的铆接操作，其设计和制造需考虑铆接方式对安装方式及结构的影响、铆钉输送机构的动作、铆接冲击力对末端执行器和机器人结构的影响等因素。

3）自动托架系统

自动钻铆全自动托架系统的设计与制造要基于现有的自动钻铆机展开，该系统清晰地体现了自动调姿对接等智能特性，同时突破了自动钻铆离线编程与仿真软件设计、系统集成控制等难点。

4）力位多传感调姿定位器

力位多传感调姿定位器是实现自动调姿对接特性的典型机械传动装置。力位多传感调姿定位器一般为三坐标结构，分别由底座、运动组件和连接接头等组成，

运动组件有 $X$、$Y$、$Z$ 向驱动。定位器带有锁定机构,用于完成调姿后对壁板等零部件姿态进行锁定,并配有负载传感器实时监控 $X$、$Y$、$Z$ 3 个方向承受的力,且设定报警力,超过报警力时则及时报警。其主要特点是应力检测、入位检测、入位锁紧、限位保护。

5) 调姿定位控制系统

调姿定位控制系统是实现自动调姿对接特性的电气控制基础。调姿定位系统的功能是实现飞机零部件的调姿定位和支撑,通过多个数控定位器联动来实现。调姿定位控制系统具有以下特点:装配调姿定位实现全数字化控制;高精度多轴协同伺服控制,实现零部件的精确姿态调整和定位;具有柔性化的特点,能够在行程范围内对机身壁板等进行柔性化调整;具有多种状态检测与安全防护功能;单坐标轴闭环伺服控制,实现单坐标精确定位;多轴协同运动控制,实现部件精确调姿;I/O 逻辑控制,实现工艺球头入位检测、锁紧;I/O 逻辑控制,实现限位检测、应力检测、紧急停止等安全防护功能;工况监视,监视并记录重点部位现场工况,增强装配的安全性;多种操作方式,自动、手动和方便近距离操作的手持式操作。

6) 调姿在线测量系统

数字化装配测量系统的作用主要有:完成大范围的空间测量,协调对接系统和制孔系统之间的坐标关系;完成水平测量点的在线跟踪、数据采集,将测量结果实时传递到集成控制系统中,为零部件的姿态评估和调姿提供数据支撑。硬件系统主要包括测量仪器硬件、主机、数据线、控制箱、测量软件、数据分析模块、电脑服务器等。针对不同的数字化测量设备,可以采用相同的测量软件,需要开发与调姿系统、自动运输设备之间的数据接口程序,将测量模块加载到集成控制软件中。根据测量设备的特性可以采用不同的测量环境布置和测量点设计方案,用于装配坐标系的统一、设备的安装、运动精度的标定、定位器的到位检测、产品的调姿与到位检测等。

7) 调姿系统软件

调姿系统能够完成零部件上架、姿态测量、调姿路径规划和自动调姿运动控制等功能;能够实现零部件姿态的自动评估和优化;能够实现运动过程的模拟仿真,进行姿态的正确性评估;能够实现调姿过程的实时监控和可视化显示,形成调姿过程日志。系统实现与现场测量系统(iGPS 和激光跟踪仪)及数控定位器控制系统的集成能实时采集现场测量数据,实现数据的实时计算和位置姿态评估,并能实时监控定位器各个运动轴的位置及运动状态等。调姿定位系统的处理流程主要包括系统初始化零部件上架姿态测量、调姿路径规划、调姿运动控制、到位检测、调姿报告等,其中的姿态测量到位检测环节会多次重复进行,如图 5-21 和图 5-22 所示。

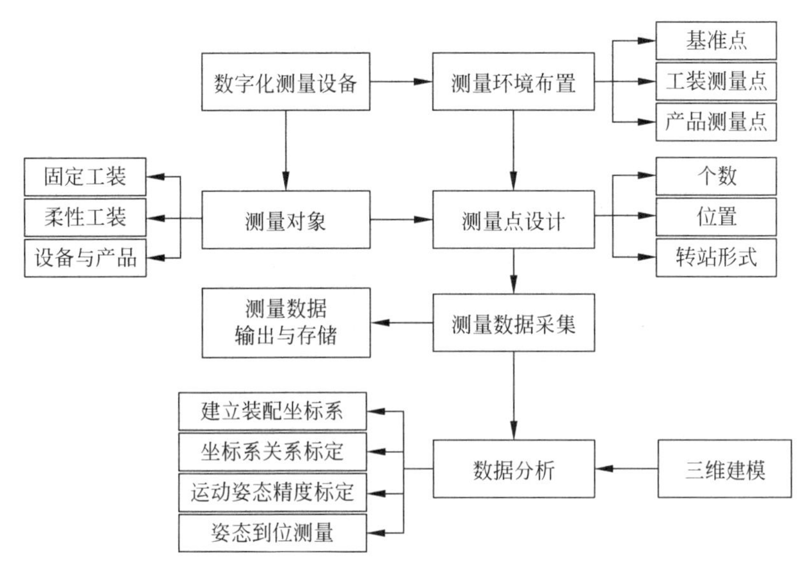


图 5-21　调姿系统测量流程

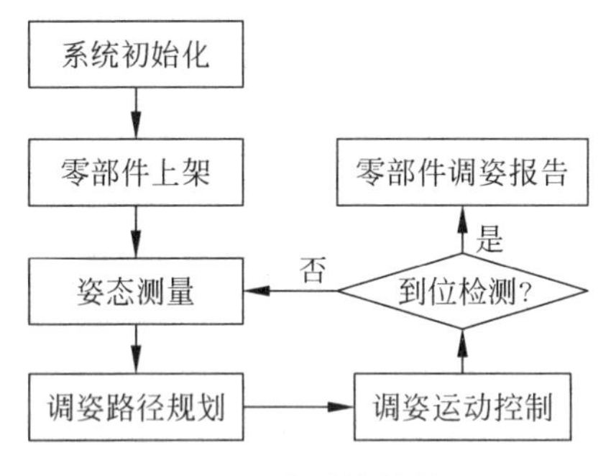


图 5-22　调姿系统控制流程

**3. 飞机总装智能装配生产线**

飞机总装智能装配生产线在航空制造领域的应用是飞机数字化柔性装配技术的一个重要发展趋势。目前,国外已在飞机的总装生产中应用了移动生产线或脉动式生产线,以提高飞机的生产率和质量。

美国 F-35 战斗机建立了完整的数字化智能装配移动生产线,实现了装配过程全自动控制、物流自动精确配送、信息智能处理等,达到了年产 300 架的能力。波音公司在波音 777 的飞机总装配中应用了移动装配生产线(图 5-23),使得生产系统更精益且更有效。在提高生产效率和质量的同时,还能使制造飞机的人员得到更大的安全保障。

图 5-23　波音 777 总装移动生产线

## 5.3.2　汽车行业智能装配生产线

### 1. 东风汽车智能工厂

东风公司新能源工厂总装车间具备 12 万辆年产能，承担自主乘用车 DF1、A94 和 CMP 3 个产品平台多款车型的混流生产总装配任务及商业化前的调整、路试、返修和检测等工作内容。在新能源工厂的总装工艺设计时除了按传统思路充分考虑生产线的柔性化、模块化装配、过程质量控制、便捷物流、节能环保和人机工程学等因素外，还引进创新思维，在整个工艺方案设计中考虑了如何利用信息化技术和物联网技术提高装配线的智能化水平，使装配车型信息与装配线设备控制系统进行互联互通，建立整车装配智能化系统，从而提高保证产品质量的过程控制能力，解决多品种混流生产防错难题，确保生产线高效率运转。

通过对生产各环节进行优化，采用信息技术和物联网技术将车身、转运工具和线边设备纳入统一的管理体系中。以汽车 VIN 码为核心信息载体，将汽车的制造过程融入其中，对现有各种资源进行有效、充分地利用和整合。结合总装车间 MES 系统，实现 MES 系统的车型信息流层与总装线设备自动化系统过程控制层之间信息的互联互通，使分层生产管控模式转变为协同生产管控模式，实现信息流、工艺流、物流和制造流的同步。

通过装配车型信息与装配线设备控制系统进行互联互通，实现了车身自动转挂、玻璃涂胶、伺服拧紧、密封检查、液体加注和零件集配等工艺设备的智能化运行。通过信息网络将这些智能化设备连接在一起，形成整车装配智能导航系统，引导汽车装配在透明、智能和高效的制造过程中完成，从而提高混流生产的防错水平、质量保证能力和劳动生产效率。

汽车自动化生产线与东风汽车装配生产线分别如图 5-24 和图 5-25 所示。

图 5-24　汽车自动化生产线

图 5-25　东风汽车装配生产线

1）智能化的车辆定位系统

在整个工厂引入基于物联网的信息采集技术，以 RFID、PLC、传感器和智能识别等物联网手段自动识别进入总装的每台车身并与 MES 自动建立联系确立队列顺序，进一步通过线体运行的某些参数计算整车的运行位置，建立每个工位的实时队列信息。

车身位置数据采集系统作为一个基层系统，将工厂内每辆车的位置信息准确地提供给其他系统，从而使其他系统能够在此基础上进一步和 IT 系统进行更多的信息交互，获取到足够的任务信息。具体实现方法为：通过每条线线头的 RFID 获取车身的序列号，并获取初始车身位置信息，进而通过输送线获取该车身在线体上运行时的不同位置信息；同时，在必要的工位通过增加安装位置传感器来校正车身的位置信息，以获取更加精确的车身位置信息。

2）智能化拧紧工作站

智能化拧紧工作站的主要功能是根据车型订单配置生成相应的拧紧任务并下发到拧紧终端，同时采集拧紧设备生产过程中的结果数据（包含力矩、角度、曲线、是否合格和拧紧时间等信息），并将螺栓的拧紧结果保存在数据库服务器中以实现螺栓数据可追溯，为生产过程中质量部门分析车辆螺栓的拧紧状态提供依据。

以模块化的设计思路为依据，智能化拧紧工作站以工业以太网为基础，由应用层、控制层和设备层的三层拓扑结构设计而成。应用层主要包含应用服务器和数据服务器，向上定期发送质量数据至公司质量系统，向下发送订单信息并与现场控制层设备通信；控制层主要由生产线拧紧工位上的工艺导航屏组成，主要功能为引导工人装配，获取车型序列信息，并发送拧紧命令，控制拧紧设备；设备层主要由拧紧设备组成，其主要作用是接收拧紧命令，完成生产任务。

3）智能化零件拣选系统

智能化零件拣选系统采用中央控制层、现场控制层和现场执行层的"三层结构"，其中中央控制层为服务器，通过以太网与 MES 及 BOM 通信，获取车型队列（车型、VIN 码、配置和投料点等信息）及车型零件清单，并通过现场以太网下发给现场控制层。现场控制层由智能显示终端及 PLC 组成，其中，智能显示终端能显示当前作业车型的 VIN 码、车型和配置等信息，并且可以通过人员操作，临时导入车型或暂停零件分拣作业。PLC 则可根据车型零件信息，控制现场执行层的智能网关与电子标签。PLC 与智能网关及电子标签之间通过现场总线通信，可以使用 T 分支、多点分支和树形分支等多种连接方式，可以在不断电的情况下扩展系统，电子标签与投料点直接绑定，若投料点发生变更，系统可直接在系统后台生效，无须重新维护数据。整个系统三层结构之间由上而下进行通信及转换，将车型、零件信息转化为电子标签的灯光信息，指导作业人员进行分拣作业。在作业过程中，将作业人员的操作记录、分拣和装配信息上传至服务器数据库，以实现车型分拣和装配相关信息的可追溯。

4）智能化大数据分析平台

大数据分析平台在传统的质量门基础上，增加了趋势分析功能，即在正常合格范围内，对数据趋势的整体上移和下移、分布状态通过特定算法进行识别并预警。通过智能数据管理系统对收集的各种工艺参数，如玻璃涂胶的参数、管路系统的密封检测参数、各种液体加注参数、制动力检测的各种参数及关键/重要项的拧紧参数，通过质量分析工具（如正态分布图、SPC 等）建立工艺参数控制的数据模型，将每辆车的实际装配参数和智能系统里面的理论参数进行分析比对，自动产生管控曲线。一旦出现异常趋势，就可以通过向质量人员发出预警邮件等方式，实现在线异常趋势预警，以便提前采取措施。

**2. 吉利汽车智能工厂**

近年来，吉利公司在各地建设智能工厂，引入新的先进制造技术，积极自主开发智能化系统，打造现代化、数字化、智能化的先进工厂，运用智能化设备，规避制造过程中的风险，保证产品质量可控。

2015 年，吉利公司自主研发出中国第一套全流程汽车仿真生产系统，并成功应用于领克与沃尔沃共线生产的亚欧工厂。吉利公司基于传统的生产线规划设计主要依靠经验和平面布局，缺少三维空间分析和实时运行仿真模拟，难以适应现代化装备制造系统的现状，采用Tecno数字化平台，结合工业控制技术、互联网技术实现了数字化与信息化的融合、虚拟与现实的无缝连接。虚拟制造利用数字化仿真技术在真实工厂之前实现对设备的集成测试、工艺验证和虚拟试生产，在系统集成期间，为设备布局提供精确的测量与定位，确保虚拟与现实从内在参数、程序到外在数模、布局上的一致及全过程数据的共享；根据数字孪生、虚实结合理念，着力实现产品从设计端向生产、售后端的完美传递和回馈，端到端的透明与协同，达到互联、洞察、优化的目的。通过产品设计、工厂规划、工艺设计验证同步进行，实现在产品设计完成的同时工厂规划、工艺验证同步完成，在设计开始前规避了80%的设计问题。为实现指标的智能管控，吉利公司以质量地图的形式对关键和重要工位影响到的过程指标进行分析，制定达成策略，并明确信息上传的路径和所使用的信息系统。通过智能制造实现从各信息系统中抓取、集成关键信息，呈现在管理驾驶舱上，进行分级管理，实现精准对标、质量预判、快速决策及响应，形成PDCA(计划plan、实施do、检查check、行动act)循环质量的提升。吉利汽车智能装配生产线与智能工厂外观检测线分别如图5-26和图5-27所示。

图5-26　吉利汽车智能装配生产线

图5-27　吉利汽车智能工厂外观检测线

2019年11月，亚欧工厂通过在线监测扭矩角度等关键监控数据，并对数据进行西格玛分析，主动识别出风险变速器11238台(已装车86台)，系液力变矩器螺栓屈服拉伸问题。吉利公司对故障件进行检测确认后，将信息传递至爱信日本工厂核实，并推动爱信供应商对螺栓进行百检遏制，未将任何风险流至终端客户，将损失降到了最低。吉利公司针对虚拟调试技术同步研发出配套定制化资源库和辅助软件，并共享给供应商，有效减少了项目开发设计变更、规范了程序设计，提升了经济效益。中央电视台"大国重器"栏目评价道："这是中国第一间能够同时生产常规动力、混合动力、纯电动及更多先进车型的智能工厂。这个数字化仿真工厂，冲压环节的零件加工合格率达到100%，焊装环节的焊点定位合格率达到99.8%，总装环节的装配合格率更是达到100%。这个成绩已经突破了国际顶级汽车品牌的制造标准。"

### 5.3.3 家电行业智能装配生产线

智能装配生产线在家电行业的应用同样较为广泛，空调、冰箱、微波炉、电磁炉、搅拌机等家用电器结构较为简单，装配生产线更容易实现智能信息管理、智能控制协同作业等功能。多个家电制造企业大力发展智能装配生产线，成为促进行业发展的强大驱动力。但是，家电产品生产节拍快，供应商数量多，入厂车辆时常发生拥挤、等待等情况，生产线会因关键零件物流未入厂而造成停线；家电制造行业传统的生产物流模式中，零部件从原材料仓库到生产线的存、拣、配、核、发等一系列流转动作以人工作业为主，面临人工数量庞大、费时费力、物流效率低下、找料困难、库存信息不准确的问题；家电行业竞争日趋激烈，呈现多品种、多批量、短交期、低成本、柔性制造、快速响应、节能减排等高要求，这就要求企业的生产线透明、可控和智能高效，从而推动企业生产线向智能、准确的方向发展。

#### 1. 智能空调装配生产线

美的空调全智能工厂占地8万多平方米，两条全智能生产线(室内机+室外机)上有近200台工业机器人在有条不紊地进行组装工作，粗到部件运输、封装外箱，细到拧紧螺丝钉、安装冷凝器，能使用机器人操作的绝不用人工操作。美的全智能工厂机器人和中控中心分别如图5-28和图5-29所示。

美的公司家用空调内机和外机生产自动化率分别达到64%和65%。在空调全智能工厂里，8万多平方米的厂区中布有约5000个传感器，负责监控全厂325个流程的生产状况。在生产工厂监控中心大屏幕上，可以看到全厂的生产数据，例如出货数、及格率、返修率等，其中，3D模拟的厂区俯视图显示所有生产线上的工作情况，正常时每个环节都是绿灯闪烁，若突然变成红灯，值班人员会立刻通过麦克风进行通知。甚至对于C2M的个性化定制，9天便完成从订单到交货，客户可以通过智能手机或者其他显示设备看到订单跟踪情况。美的智能工厂包括设备自动化、生产透明化、物流智能化、管理移动化、决策数据化五大维度，目前在这五大维

图 5-28　美的全智能工厂机器人

图 5-29　美的智能工厂中控中心

度的建设中攻破了 8 项世界级难题、17 项行业级难题。全智能工厂投入后生产效率大幅度提高,产品质量更加稳定,人力资源方面也发生了相应的变化,不仅缓解了招工难及流动性大的问题,人力资源结构也在不断优化,员工培养向技术应用倾斜,使企业从劳动密集型向技术密集型转化。

**2. 智能电脑装配生产线**

在笔记本电脑行业中,联想公司早在 2013 年就启动了以数据智能为核心的智能化转型。基于自有技术的成功应用,联想公司逐渐形成了覆盖企业全价值链的智能化技术和管理体系,成为公司智能化变革战略落地的核心竞争力和强大支撑。

一方面,联想公司积极推进供应模式的转变,从原来的库存驱动模式满足客户需求调整到以客户需求驱动方式为主来实施整个供应链的管理。联想公司的运作模式采取按订单生产结合安全库存的方式,根据客户的订单来判断和指导实际生产调度。另一方面,联想制造以精益生产为基础,通过大力打造以“自动化+信息化”为核心的数字化,向最终实现智能化的目标努力。逐步实现包括协同机器人、增材制造和混合制造、物联网、数字孪生、边缘计算、大数据、人工智能、5G 通信等在内的智能制造。

1）生产制造自动化

以业务持续优化为前提，结合流程再造，实现生产自动化。从单点自动化着手提升工序效率到生产端到端自动化验证推行，完成生产线整体效率、产品质量的改善。同时赋予数字化能力，打通并采集设备生产运行数据，建立可视、分析、控制闭环能力，构建设备三维模型，基于物理设备与模型的实时交互实现设备智能监控、预测优化等智能化能力。联想合肥工厂通过融合精益理念，整合现有的工艺流程、流程优化再造和新技术的应用，将组装、测试、包装连接成一个流，打造了一条高柔性的自动化生产线，达到了提质增效、节省人力的目的。

自动化同时须顺应未来智能化的需求，联想公司从柔性生产、人机协作等方面着手打造具备智能化能力的自动化。主要包括：模块化设计，即生产流程标准化、设备模块化，支撑多品种小品种混线的柔性制造，同时具备高可靠性、易维护的特性；人机协作，即实践高效的人机协作方式，实现自动化率与成本的最佳组合；智能自动化，即基于设备数据和生产数据的采集、分析、决策，实现自动化的智能优化与调整及闭环管理。

2）加速数字化应用落地

借助业务流程及数据间的集成共享，实现企业内部运营、外部生态的全链路互联互通及透明可视，数字化阶段的主要特征表现为：

(1) 设计，包括模型驱动的产品、工艺设计及优化，产品工艺与生产流程仿真验证，不仅缩短了导入周期，还支持产品与制造通过协同平台进行实时互动，为新品和客户需求提供了快速解决方案，支撑产品全生命周期数字化能力。

(2) 供应，以客户为中心，包括构建计划、采购、物流等一体化的协同协作，提供精准透明、高效的数字化供应能力。联想 SCI(supply Chain intelligence)集成内部、销售前端及合作伙伴在内的生态圈系统，通过数字化工具将供应链活动与其他管理系统连接到同一个平台，实现端到端可视管理。

(3) 制造，包括生产横向、纵向及端到端的信息集成。联想工厂通过内部开发的全球生产智造系统 MI(manufacturing intelligence)实现生产数据采集、运营状态可视化及实时生产预警，同时各工厂的数据在此系统进行汇聚整合，形成制造整体运营可视化及跨工厂、跨业务的管理能力。

(4) 服务，连接了客户及产品，支持实时可视化交互，实现了以客户为中心的服务转型，联想公司提出了服务供应链协同解决方案，分层次解决服务备件执行中的协同问题，打通备件预测、计划、采购、供应流程，实现信息发布协同、供应数据协同等服务供应数据全链条的可视化。

3）智能化场景

大数据、云计算、人工智能等技术的发展及应用，促使智能技术与制造融合，推动智能化进程，实现业务的精准响应、实时优化及智能决策。借助联想"智能大脑"

平台，依托数据而非经验的精准高效智能化决策将逐步替代人工决策，并且已经实现了以下两个方面：

(1) 智能生产排程。从真实数据出发创建仿真环境，通过深度强化学习算法引擎，数秒内即可找到全局最优的排产方案，能够实现真正意义上的智能实时调度。

(2) 智能客服机器人。支持多模态、多社交渠道、多语言的端对端智能客服，与真实客服代表无缝集成，并且内置大数据平台，基于大数据实现系统自学习，自动生成案例用于未来分享。

关于智能装配生产线的拓展资料可扫描下方二维码自行阅读。

柔性装配生产线优势

新能源车锂电池模组全自动装配生产线

梅赛德斯制造技术自动装配生产线

# 思考题

1. 智能装配系统包括哪些硬件设备?
2. 数字化装配系统由哪些模块组成?
3. 与传统CAD系统下的装配相比较，虚拟装配有哪些不同?
4. 应用自动化装配系统的意义是什么?
5. 请举一个智能装配生产线的例子，并阐述其中的构成与实现的功能。

# 参考文献

[1] 王家海，钱俊磊. 基于智能制造的电磁阀智能装配系统[J]. 机电一体化，2017，23(9)：58-64.

[2] 沙磊，王家海. 人机融合的智能装配系统的研究[J]. 佳木斯大学学报(自然科学版)，2019，37(6)：887-890.

[3] 李玉山，姜开宇. 基于在线仿真技术的自动装配线工作过程的智能监测[J]. 模具工业，2018，44(2)：1-5，14.

[4] 黄小东，宁勇，刘杰，等. 航空发动机智能化装配技术体系构建探索[J]. 航空发动机，2020，46(1)：95-100.

[5] 马靖. 制造业物联网环境下的机械产品智能装配系统建模及关键技术研究[D]. 合肥：合肥工业大学，2015.

[6] 梅中义，黄超，范玉青. 飞机数字化装配技术发展与展望[J]. 航空制造技术，2015(18)：32-37.

[7] 丁祥海. 柔性装配系统规划与实施[M]. 西安：西安电子科技大学出版社，2019.

[8] 刘维来. 柔性装配系统的规划和建模方法研究[D]. 合肥：中国科学技术大学，2006.

[9] 张平，罗水均．民用飞机自动化装配系统与装备[M]．上海：上海交通大学出版社，2016．

[10] 袁立．飞机数字化制造技术及应用[M]．北京：航空工业出版社，2018．

[11] 何健廉，陈加栋，马海波，等．柔性装配系统的设计与实现[M]．北京：清华大学出版社，2000．

[12] 尤海潮．数字化装配技术概述[J]．科技创新与应用，2020，296(4)：167-168．

[13] 刘维来．柔性装配系统的规划和建模方法研究[D]．合肥：中国科学技术大学，2006．

[14] 许大丹，陈昆梅，陈盛云，等．柔性装配系统的集成与设计[J]．基础自动化，2000(5)：30-32．

[15] 王济昌．现代科学技术名词选编[M]．郑州：河南科学技术出版社，2006．

[16] 蔡敏，卢佩，陶俐言．面向复杂产品的数字化装配系统体系结构[J]．计算机集成制造系统，2013，19(11)：2757-2764．

[17] 郑柳萍．机械虚拟装配技术及其特点[J]．装备制造技术，2008(9)：144-145，157．

[18] 杨月，吴庆锋．浅谈虚拟装配设计系统的特征及意义[J]．工业设计，2011(4)：122．

[19] 刘阳．分段虚拟装配技术研究[D]．上海：上海交通大学，2013．

[20] 程广华．自动化装配系统及其应用[J]．日用电器，2012(3)：49-54．

[21] 陈揆能．空调装配自动化生产线工艺研究及系统设计[D]．广州：广东工业大学，2015．